网络与新媒体传播核心教材系列

丛书主编　尹明华　刘海贵

移动新闻实务教程

许　燕　著

复旦大学出版社

丛书序

尹明华　刘海贵

互联网对新闻传播业的影响之深、之大、之广,我们有目共睹。不仅业界深感忧虑,学界亦坐立不安。互联网的迅猛发展甚至引发了国家层面的系列行动,如"互联网+"战略、工业4.0计划等,旨在在新的环境中谋求长治久安之道。

就新闻传播教育来说,2011年教育部开始启动新的专业建设,如网络与新媒体专业、数字出版等,短短几年,前者已经超过百家。

然而,招生容易,培养不易。从全国范围看,新的专业面临着三难:课程不成体系、教材严重滞后和师资非常匮乏。以复旦大学新闻学院为例,近几年来,通过充实教师队伍、兴建新媒体实验室、资助新的研究项目等手段,尽管情况有所改善,但面对快速变化的网络和新媒体实践,仍然有些力不从心。

如何破解互联网所带来的冲击?面对这一时代命题,作为教育战线工作者,我们认为,以教材优化驱动课程升级,以课程升级带动教学改革,应该是一条良策。基于这一设想,我们推出了"网络与新媒体传播核心教材系列"丛书。

经过审慎细致的思考和评估,这套教材的编写遵循如下四个原则。

第一,系统性。表现在两个方面:一方面,整个系列既包括理论和方法教材,也包括业务操作教材,兼顾业界新变化;另一方面,每本教材尽量提供完整的知识体系,摒弃碎片化、非结构化的知识罗列。

第二,开放性。纸质教材的一大不足就是封闭化的知识结构,难以应对快速发展的网络与新媒体实践。为此,在设计教材目录之时,将新的现象、新的变化以议题的方式列入其中,行文则留有余地,同时配以资料链接,以方便延伸阅读。

第三,实践性。网络世界瞬息万变,本系列教材尽量以稳定和成熟的观点为主,同时撷取鲜活、典型的案例,以贴近网络与新媒体一线。

第四,丰富性。从纸质教材到课堂教学,是完全不同的任务。为方便教师授课,每本教材配套有教材课件、案例材料和延伸材料。

万事开头难,编著一套而且是首套面向全国的网络与新媒体教材丛书,任务艰巨,挑战很大。但是,作为全国历史最悠久的新闻学院之一,我们又有一种使命感,总要有人牵头来做这件事情,为身处巨变之中的新闻传播教育提供一种可能。这种责任感承续自我们的前辈。

早在1985年,复旦大学新闻学系(新闻学院前身)就在系主任徐震教授的带领下,以教研组的名义编写出版了一套新闻教材,对于重建新闻传播教学体系影响深远,其中的一些书目在经历了数次修订后,已经成为畅销不衰的经典教材。

参加编写这套"网络与新媒体传播核心教材系列"丛书的人员,来自复旦大学新闻学院的10位教授、3位副教授等,秉承同样的传统和理念,他们尽已所能地为新时期的新闻传播教育贡献智慧。我们不敢奢望存世经典,只期待抛砖引玉,让更多的专家、学者参与其中,为处于不确定中的新闻业探索未来提供更明晰的思考。

前　言

互联网推进到移动互联时代，中国总人口中已经有近六成是网民，其中98%的人用手机上网，资讯生产工具和新闻接收终端都挪移到移动端。大量的自媒体开始涌现，正在与专业媒体分庭抗礼。然而，诸多机构的自媒体网站或者公众号并没有专业的移动资讯生产思维和基本训练；诸多专业媒体人在极速的转型挑战当中也缺乏适配于移动终端的新闻生产方法和思维教育；诸多的本科院校新闻专业的学生还在使用滞后的传统媒体或网络媒体的新闻指导教材和案例分析文本；即便是海外，对移动新闻生产的新思维、新观念以及相应的模态、采写都没有系统深入的思考。

目前，所有网络新闻报道和融合新闻的教材都关注网页端，尚无关注以移动端为主的新闻采、写、编、营业务教材。而移动端新闻用户比例的增长、移动手机的普及都意味着移动新闻的未来发展潜力无限。所以，笔者针对需求与空白，特别基于移动互联时代媒介内容生产的传统继承与变动适应，设计制作了这本移动新闻实务入门教材，主要供大专院校本科生、各基层通讯员、自媒体人、机构媒体人以及转型中的专业媒体新手的入门学习。本书基于移动互联时代的媒介新语境和新闻生产新观念，通过案例分析的方式总结如何适应新媒介载体和新生态需求，如何掌握移动采访、写作方面的基本技能，如何添加新观念和新技能，以及如何适应多媒体融合的新闻呈现方式和加深加速新传递手段。本书是基于移动互联时代的技术转换和媒介形态变化，针对移动新闻的认知、采访、写作、多媒体制作、深化加速以及效果拓展的掌握而撰写的新闻实务应用教材。希望能提升学生对移动新闻新环境的认识，对移动新闻生产有全新的理解，进而针对移动新闻的采写制作进行实操指导，并从互动参与的角度予以拓展。本书的编写改变了以往新闻纯采写的思路,从生动性和效果控制上转换了新闻生产方式方法,希望以全新的结构和视角,给移动时代的资讯生产者和接受者以新的启迪。

本书针对移动互联时代媒介载体的变化,对采访工具、采访方式、新闻价值、报道要素、新闻线索和新闻敏感、信息源、媒体人构成与素养、新闻文本结构、速度、深度等基础概念和要求进行重新诠释和案例分析,重点关注移动媒体新闻报道的基本要求和基本技能,注重新媒介形态下的新报道元素和要求;强调新闻在不同媒介载体上呈现的规范性和专业性,基于渠道差异而采用差异性的报道策略;偏重以手机移动端为核心载体的报道思路和方法,采用短新闻报道写作,以文字语言为核心兼顾其他载体形态的文体模式。

本书的框架和内容是针对移动新闻入门者的认知和技能掌握需求而进行的构思:总结了移动互联时代新闻生产的新生态、新语境、新概念、新思路;概括了基于移动新闻采访写作的基本原则、要求和方法,并举以相关案例;针对移动端的多媒体新闻制作说明了制作要求、方法;为提高新闻生产质量,提供了速度和深度层面的拉升路径。

移动新闻是个新概念,有其特性和历史沿革。第一章主要介绍移动新闻的定义,将其与新闻、网络新闻等概念进行区分,并介绍了这一领域中的采访、记者、编辑等概念,总结了移动新闻的内容特点和传播特点,整理回顾了移动新闻历史的各阶段,分析了移动新闻生产的基本构成和生产特点。

专业性为移动新闻的必要条件。在海量内容中,规范专业的报道才真正具有公信力。无论何种媒介形态、何种内容形式的新闻都需要遵循专业性要求。在第二章中,强调了移动报道的基本构成——标题、5W1H、消息源、背景等无可或缺的部分,结合典型案例,说明移动新闻内容必须具备清晰准确、中立客观、平衡公正、简洁而重点突出等基本要素;总结了多种新闻价值,除了传统的新鲜性、真实性、快速性、简洁性,还提出移动时代的重要性、显著性、接近性、服务性、特异性、参与性等新特点,举例解释分析了这些新闻价值在移动时代的新内涵。专业性体现在新闻生产者身上,要求移动记者具备知识储备丰富、胆识过人、勇敢无畏、智慧好学、保有好奇心等基本素质,也要遵循尊重隐私、尊重版权等伦理界限。此外,要做到专业,还要改进和修正错误,避免报道硬伤以及导向等问题。

新闻先有采访后有报道,七分采三分写。强调专业规范为根本之后,第三章重点叙述移动采访的规则和技巧。针对大多数移动报道者不知报道什么的问题,第一节进一步提示读者如何锻炼自身的新闻敏感性,从知识积累到社会体验需要多维度锻炼,也提供了已经锤炼成熟的主要领域的重点内容。第二节概括新闻采访方式,既有对新闻采访关键点的提示,也有从准备到策划,再到过程,最后到后期的整个采访过程中的关键环节的梳理和经验分享。第三节,鼓励对新技术工具的应用,介绍了移动工具包、移动RSS应用软件以及不同类型的应用软件,并对网络信息搜索方法和数据库来源进行了总结。

文字报道是移动新闻报道内容当中最重要的组成部分。第四章围绕移动文字报道的处理进行了全面介绍。第一节就移动新闻的各个组成部分的处理进行了要领总结和案例解释。第二节就内容处理的多样化、生动性展开,从文体类型、内容类型等多个方面结合案例介绍文本多样化、生动性的可行方案,特别将社交公共特征以微博、博客、公众号等普及新闻形式予以介绍。

多媒体报道是移动新闻增光添彩的必要组成部分。第五章围绕多媒体模态的移动新闻处理展开,选择了移动新闻当中应用最广、影响最大的可视化新闻、短视频新闻、摄影新闻、直播新闻等类型,分别将其基本内涵、生产方式、主要特点、注意事项、代表案例等进行了介绍和总结。并对无人机新闻、传感器新闻、机器人新闻、虚拟现实新闻、增强现实新闻等新类型予以概括和例证。

仅仅写出规范和多样性的新闻在移动互联时代的表现还不够,第六章对移动新闻的提升方面进行了探索。针对如何让移动新闻报道更快速,总结出新闻生产的准备、组织、规则、程序方面的改进经验,并将相关优秀案例给予分享。针对如何让移动报道更深入,总结出选题立意的三个维度,并结合前人经验从选题策划、思想提升、表象—调查—共鸣多层挖掘、横向纵向联想等多种方式上予以启示,并举出典型案例说明。

本书的写作概括、简练,很多内容未能扩展详析,后续将以电子包形式,把案例的补充部分以及更多分析、相关资料和链接分享给读者,希望能对读者有一定帮助。本人一直认为,只有熟悉优秀作品,才有助于实务技能的提升;唯熟能生巧,才能真正基于实践认识到移动新闻的本质。

本书仅仅是一本实务应用培训教程,对读者快速掌握移动新闻的生产制作、交互传播有直接作用。但是,打好根基更重要。因此,建议读者在学习的同时,要重视思想的提升、社会经验的累积、时事敏感的锻炼,多读经典,养成学习习惯。这样才真正有利于提升新闻报道的档次和质量,才真正有发展长劲。

本书是基于作者个人对当前国内外新闻前沿摸索的经验总结和案例分享的整理,必然有很多遗漏和空白。本书的出版仅仅是探索性的尝试,以后还会随着移动技术的迭代更新与移动新闻生产传播的经验成熟而不断丰富和完善,希望各位读者能对书中的粗糙和武断等问题予以宽容,并将自己的意见和思考及时反馈。

许 燕
2020年6月12日于复旦

目 录

第一章 新语境 新观念：新闻报道的移动互联时代 …………… 1
  第一节 新概念 新特点 …………………………………… 1
  第二节 移动新闻的历史演变 ……………………………… 5
  第三节 新语境 新生产 …………………………………… 17

第二章 让移动报道更专业 ……………………………………… 25
  第一节 移动新闻报道要素 ………………………………… 25
  第二节 移动互联时代的新闻价值 ………………………… 35
  第三节 移动记者的专业素养 ……………………………… 41
  第四节 移动新闻伦理与错误规避 ………………………… 48

第三章 让移动采访更到位 ……………………………………… 60
  第一节 新闻敏感与发现 …………………………………… 60
  第二节 移动新闻的采访方式 ……………………………… 68
  第三节 实用工具运用与信息数据处理 …………………… 78

第四章 让文字报道更生动 ……………………………………… 89
  第一节 表达更生动 ………………………………………… 89
  第二节 文稿多样化 ………………………………………… 103

第五章 多媒体新闻制作 ………………………………………… 119
  第一节 移动可视化新闻 …………………………………… 119

第二节　移动摄影新闻 …………………………………… 130
第三节　移动短视频新闻 ………………………………… 140
第四节　移动直播新闻 …………………………………… 150
第五节　移动新闻新形态 ………………………………… 161

第六章　移动新闻提升：速度、深度 …………………………… 171
第一节　让报道更快速 …………………………………… 171
第二节　让报道更深入 …………………………………… 183

参考文献 ……………………………………………………………… 196

第一章

新语境 新观念：新闻报道的移动互联时代

移动互联新时代，新闻报道进入新阶段：移动报道需要建立新观念；新闻、报道、记者、采访等概念需要重新界定；信息制造向多极化、多媒体、分众化、碎片化、交互性、共时化等方向转化；新闻生态在主体、受体、渠道载体乃至内容形式等方面都发生明显变化；新闻生产在主体能力、用户服务、产品特色及生产方式等方面提出了新要求。

第一节 新概念 新特点

一、什么是移动新闻

随着传统媒体——互联网——移动智能的时代更迭，移动媒体出现了新属性，其所承载的新闻的内涵也发生了变化。

当下的移动媒体，具有移动社交、节连传播、智能计算等新属性。所谓移动，并不仅仅是便携性，而是脱离了固定场景接收模式，可以随时随地地交互信息。所谓社交，也体现出当下媒体与以往媒体的巨大差异性，就是交互的随时随地，并影响了媒体的关系方式。所谓节连传播，是指媒体不再是一对多、一对窄的传播模式，而是每个个体都具有连接力，每个人都是节点，网络传播构成了无数节点连接的立体网络，每个节点都有接收信息的可能，也有转发、改造、评价、创新、阻断等多种可能。所谓智能计算，是指新媒体已经在技术方面运用了大数据、云计算、人工智能等更新的应用，个性化推

移动新闻实务教程

荐技术、文字语音图像识别技术、各种数据分析、各种数据记录跟踪等加入其中,构成新媒体内在的重要组成部分。新属性推动了思维方式的变化。在移动时代,媒体运用必须具备市场化、产品化思维。媒体不仅仅生产信息,更要了解,在海量时代,注意力才是竞争的核心,明确自己的定位和目标;不再根据能力生产信息,而是要有产品意识,分析用户需要,基于需求进行生产发送。同时,要有服务意识,信息产品不能仅仅一次性买卖,而是不断反馈,基于反馈不断调整生产与发布的策略和行为,基于用户反馈修正错误、改进服务。

新闻概念具有延续性。维基百科的定义基于美国经验,认为新闻是关于新近发生的事实的信息。新闻主要由不同的媒介来源提供——口语、印刷、邮政系统、大众传播、电子传播以及负责核查的观察者、事件的目击者等。关于中国的新闻概念,百度百科的界定最具典型性:新闻是指报纸、电台、电视台、互联网等媒体经常使用的记录与传播信息的一种文体,是记录社会、传播信息、反映时代的一种文体。与维基百科相比,这一界定更偏重强调其文体特征。

移动新闻在中国当下还没有统一解释。海外的界定主要在狭义层面,主要指手机新闻(mobile journalism)。本教材对其界定包含两个方面:广义上,指 2010 年以来全球进入互联网的移动智能时代,新闻载体转向以手机为主的移动终端,新闻生产主体、受体等都发生根本变化,新闻信息生产和传播随移动设备的特点而发生重大变化;狭义上,指移动终端上呈现的新闻状态具有碎片化、短平快等内容表征,具有随时随地接收播发、智能计算与节连传播等新功能,以及融合重构与交互连接等新特点。

与移动新闻概念相对应,记者、采访、编辑等概念也在移动背景下有了新的内涵。

所谓记者,是指从事信息采集和新闻报道工作的人,也用来专指一种职业身份,即新闻机构中从事采访报道的专业人员。移动记者特指互联网时代基于移动设备进行报道的记者,其服务的用户在新媒体时代主要在移动场景中获取新闻。当下许多媒体已经添置了移动新闻包给记者,除了常规突发用品外,还包括直播摄像头、录音录像设备、耳机、麦克风、支架、相机、手机、内置 GPS 等应用,以及单位新闻生产系统的移动应用。传统的记者主要通过面对面采访,报纸、广播、电视等几个行业区隔明显。移动互联催生了全能记者这个融合全面的新类型,要求记者同时具有多种技能,满足多媒体、直播等多维共时的报道要求。

采访指媒体信息的采集和收集方式,通常通过记者与被获取信息对象面对面的交流来进行。移动采访则特指记者借助移动网络渠道或工具获得媒体信息,也指记者在移动场景中执行采访工作。

编辑是一种工作类别,也是一类职业身份,指对作品等进行编写。移动编辑指采用移动智能手段进行新闻稿件的处理行为,也指执行移动编辑工作的专业人员。

二、移动新闻的基本特性

移动新闻具有如下一些特性。

1. 随时随地地接收和发布信息

从空间性上来看,移动新闻打破了空间限制,人们可以在有网络的地方发送和接收信息,全球任何空间地域的人都可以看见新闻。从时间性上来看,移动新闻打破了时间限制,无论新闻生产还是新闻发布与互动,都可以随时进行。

2. 交互性

手机移动改变了媒介行业的传播单向性、信息生产者把握主动性等特点,受众的主动性增强,可以快速反馈、社交、表达,形成新的个体参与,使受众成为左右新闻和舆论的主要力量。社交作为移动应用发展的必备要素,使新闻媒体不再局限于信息传递,而是与沟通交流、商务交易类应用融合,借助其他应用的用户基础,形成更强大的关系链,从而实现对信息的广泛、快速传播。

3. 自主性

用户转换了以往的被动地位,成为主动者。公民新闻崛起,从新闻的采访、写作、编辑、评论等内容生产到渠道发布和互动,都可以自主完成。大量资讯自媒体的出现,不同层次地满足了用户的多样化需求。公众参与决策,影响舆论的积极性高涨。平台涌现,使受众具有了自我公开发布的强势通道,博客、微博、微信等改变了媒介新闻生产的格局,广大公众是第一现场的目击者,也成为第一信息的采集发布者。

4. 个性化

信息爆炸推动信息精确分类和聚焦的需求。媒介开始划分信息类别,向纵深挖掘。大众传播不再唯一,媒体不再单向、一对多地进行传播,而是在技术更新中逐渐转向点对点服务乃至个性化推荐和智能推荐服务。每个用户在多样化的移动资讯和移动媒体中自主选择,组合自己的资讯来源构成。媒体资讯提供注重个性化,谁提供针对性服务,谁才可能产生用户黏性,才具有识别度和品牌效应。

5. 碎片化

注意力成为稀缺资源。用户的时间被分割,没有人再愿意用大块时间浏览资讯。媒体根据场景进行细分,抓住碎片时间及时发布新闻。弹窗新闻、微博新闻、公众号新闻等不断地蚕食传统的门户网站和新闻垂直网站的新闻份额。移动设备小型化也造成资讯表达的微小化,屏读习惯造成了新闻版面设计和标题制作以及正文写作等都随手机屏幕的缩小而调整。微博兴起后,140字以内的短资讯模式迅速培育了新型用户简洁直接的阅读习惯。今日头条很早就通过数据发现,用户阅读1 000字以内文章的跳出率是22%,4 000字以上的文章跳出率则达到65.8%。人们生活中的"碎片"时间得到充分利用,有利于信息的及时传递,同时也造成知识浅层化,缺乏深度阅读和深邃思考等弊端。

三、新闻传播新观念

移动互联时代,产生了不少新观念。

1. 节连

信息不再从生产点产出后直接流向接受点,而是直接向多维渠道和多元终端扩散。一个产品或一条信息可以分发到多个渠道和终端,而且在不同节点中还可能经过转换、评价、改造和生发等调整。信息不再是大众传播时代的单向传递,而是高维的交互。媒体不是信息发布出去就结束,而是必须不断地与用户交流,了解用户反应,调整节目内容和方向,并回复留言。交互反馈是产品输出和节目制作最重要的参考资源和行动指标。

2. 差异

分众观念过时，以个体属性进行区分的差异化开始应用。例如，个性化推荐功能令今日头条、抖音可以基于用户的不同属性标签进行信息的针对性贴合，这种属性细分实际上已经达到微粒化程度。因此，信息传播已经是基于个体用户的多重属性的差异化进行分发。移动新闻平台通过大数据挖掘技术，掌握用户个人特征、教育水平、收入、消费等情况，帮助了解用户需求和新闻获取动机，针对具体人群进行精准定位，推荐定制化的新闻内容。一对多的大众传播，一对窄的分众化传播，点对点的微粒化传播，这三种传播并非颠覆关系，而是共生同在的关系。所以，需要根据不同场景、需求区别对待。有时候需要根据不同的用户群体采取不同的推送内容、载体和渠道。

3. 裂变

注意力被切分。纵向被切短，比如今日头条、微信公众号等都要求自身文本内容以短为主，适应新时代的受众注意力缩短的特点。横向被切碎，获取部分注意力也成为信息传播的一个目标，比如喜马拉雅FM就是从伴随性这个角度争取到了相当的流量份额，受众可以在走路时、运动时、休闲时、睡觉前、开车时等行为过程当中伴随性地接收信息。

4. 共时

共时特指用户处于同一时段进行多维度的信息获取和分发，即以多线程共时化的立体信息流动模式进行信息制造和信息运行。

5. 场景

基于时间、地点、用户特点以及信息特点等因素形成了场景化的更细维度。移动新闻的主要接受场景：在家里或宿舍的休息时间；周末或假期时间；晚上睡觉之前；工作或课间休息时间；在饭店、咖啡厅等休闲场所时；排队或乘坐交通工具时；等等。针对不同时间、地点等的场景化特别需要进行的信息内容和形式的设计，已经越来越普遍。

第二节 移动新闻的历史演变

移动新闻的发生与手机的发展和普及紧密相关，也与平板电脑等便携设备的普及相关,更与网络普及和流量便宜、Wi-Fi供应紧密相关。从21世纪初手机短信被利用为即时资讯载体起,移动新闻迅速走过了短信时代、手机报时代、融合媒体时代、智能手机时代、个性化推荐时代,并快速地增加了短视频、大数据等新型应用,越来越呈现出立体普及、随时随地、互动参与等特征。各类移动资讯形态并非迭代淘汰,而是共生叠加,更为丰富多元。

移动互联网广义上是指用户使用手机、上网本、笔记本等移动终端,通过移动网络获取移动通信服务和互联网服务;狭义上是指用户使用手机终端,通过移动网络浏览互联网站和手机网站,获取多媒体、定制信息等其他数据服务和信息服务。本书中的移动互联网均采用狭义定义。移动互联网用户是指使用手机、平板电脑等便携式终端设备,通过GPRS、3G/4G/5G、Wi-Fi等无线网络访问互联网/移动互联网的用户。本书中主要指使用手机终端访问互联网的网民。智能手机指的是具有独立操作系统,可以由用户自行安装软件、游戏等第三方应用程序的手机。目前,智能手机主流的操作系统包括iOS、Android等①。

一、移动设备发展史

移动新闻的开启与发展离不开手机平板和智能手环、手表等可穿戴设备的发明与技术更新。

1. 手机的诞生开启了移动时代

(1) 20世纪初至70年代:手机诞生阶段。人类对手机技术的最早探索可以追溯到1902年,内森·史特布菲用一杆天线联通800米外并进行了有效通话。贝尔实验室在1946年制造出第一部移动通信电话,在1947年提出蜂窝状移动通信网概念,将移动电话的服务范围划分成若干个小区,每个小区设立一个基站,构成蜂窝移动通信系统,这为手机的发明和推广使用提供了理论基础②。1956年,瑞典制作出重达40公斤的移动电话。

---

① 关于移动互联网、移动网民、智能手机等的界定,主要参考《中国互联网发展状况统计报告》(CNNIC)等的相关内容。

② 秦艳华、路英勇:《全媒体时代的手机媒介研究》,北京大学出版社2013年版,第14页。

1957年，苏联工程师库普里扬诺维奇发明了装有扬声器的移动电话，改进后可以实现在200公里内的有效通话。1973年，马丁·库帕带领团队在摩托罗拉实验室研制成功世界上第一部有实用价值的手机，约两个砖头大小①。

（2）20世纪80年代初至90年代中叶：手机商业化阶段。经过10年技术革新，摩托罗拉在1983年推出第一台商用手机"大哥大"，重量为2磅②，充电10小时可通话半小时，售价近4 000美元。80年代后期"大哥大"热销，在中国市场也试水成功，成为部分富豪的标配。90年代中叶，手机更新换代频繁，重量越来越轻，外观更加时尚，功能更加丰富，除了基本的通话功能外，还能收发邮件和短信息，还可以听音乐、上网、玩游戏、拍照等。

（3）20世纪90年代末至今：手机全球普及阶段。90年代末，手机通信迅猛发展，全球用户爆发式增长，超过固定电话的增长数量，成为大众消费品，到21世纪初，中国成为手机用户第一大国。

2. 智能手机推动了移动设备的普及

智能手机的出现，是手机发展历程中的一个重要里程碑。与传统的功能手机相比，智能手机不仅具有收发短信、通话的功能，而且可以实现用户随时随地上网的需求，拓展出更多智能化的应用。

2001年，爱立信推出世界上第一款采用SymbianOS V5.1的智能手机——R380，这款手机支持WAP上网，支持手写识别输入。随后几年，多款智能手机上市推广，2004年，RIM推出黑莓6210；2006年，诺基亚推出N73，迎来Symbian S60的巅峰时代。2007年，苹果推出第一代iPhone，凭借简洁美丽的外观、流畅的操作系统深受用户欢迎，引领了智能手机进入市场的爆发期。2008年，搭载Android系统的手机诞生，阵营不断扩大，安卓成为全球第一大智能手机操作系统。2010年，苹果推出iPhone 4，成为世界上最热卖的智能手机。智能手机市场的竞争日渐激烈，形成苹果、谷歌、"微软和诺基亚组合"三足鼎立的局面。

---

① 参见百度百科，https://baike.baidu.com/item/%E9%A9%AC%E4%B8%81%C2%B7%E5%BA%93%E5%B8%95/3066905?fr=aladdin，最后浏览日期：2020年7月27日。

② 1磅约合0.45千克。

第一台用作商业的平板电脑尽管早在1989年9月就上市了,但这类基于MS-DOS操作系统的设备仅仅应用于工业、医学和政府等小范围顾客群。2002年秋季,微软公司Windows XP Tablet PC Edition渐渐流行,主要用户群为学生和专业人员。2010年,苹果iPad在全世界掀起了平板电脑热潮,内置的iOS系统引领了多点触控、人机交互、第三方应用程序等各类资源的研发,成为移动设备当中的一员。

智能手机和平板技术的成熟和普及,标志着移动互联网时代的到来。随之而来的是云计算+触控与手势操作、摄像头与传感器感知+3G/4G/5G无线上网、全时在线等新的标志性技术的应用。云计算能力大大提升,比以前的服务器客户端的计算终端数量扩充了几千倍。交互方式也大大飞跃,语音交互成为可能,其比键盘更人性化,更容易普及。无线上网令人类随时随地与网络连接,激发了大量的商业模式创新,如滴滴打车等共享模式。

CNNIC数据显示,中国网民的数量自2013年起已超过总人口中的半数,其中的九成是移动网民。与此同时,互联网的流量发展也从最早的2G到3G,再到4G,并向5G进发。Wi-Fi越来越普及,大大降低了移动设备进行资讯交互的成本,也令移动新闻的用户从发达国家迅速普及到发展中国家,从精英阶层普及到普通大众。移动新闻也日益发展,到2018年,全球一半的人口都使用了智能手机,特别是在巴西、印度等国家大力普及,移动新闻也替代了PC新闻成为主流。

3. 移动智能新载体纷纷诞生

(1) 可穿戴设备。多样化的可穿戴设备纷纷出现,通过软件支持以及数据交互、云端交互,通过连接手机及各类终端的便携式配件实现移动便携应用。2012年,谷歌眼镜亮相,其图像识别技术令移动新闻出现更高一阶的实验产物。直接通过眼神进行控制的各种VR载体也相应出现,令人类可以在移动资讯的交互中腾出双手。智能手表、手环借助传感器和无线发射等功能,可以即时获取和反馈信息。除了手腕部应用和头戴型的眼镜、头盔、头带以外,还有传感鞋袜、服装、书包、拐杖、配饰等各类非主流产品形态,它们大量借助传感器成为新型的移动信息载体。

(2) 自动无人设备。无人机技术普及,令移动新闻获得更宽的报道视角和更广的信息来源。多元视角下的新闻报道令人耳目一新。各种新兴载体被无人驾驶技术承载,成为无人驾驶汽车中的一个组成部分。无人驾驶车成为新型移动信息载体,随时随地与外部进行信息对接,既可以探路驾驶,也可以了解周边商贸信息以及相关新闻资讯。

(3) 智能语音音箱等新载体。2014 年,亚马逊开发出 Echo,这种语音音箱不再需要屏幕键盘,而是直接通过语音与电脑连接。内接大数据的 Echo 可以直接与用户对话,通过语音识别用户意图,连接互联网甚至物联网进行相关操作。2017 年,中国研发出一系列语音识别的智能音箱,如阿里的精灵、喜马拉雅 FM 的小雅、京东的叮咚、百度的小度等。

二、移动新闻的发展演进

广义而言,从广播新闻开始就已经存在移动新闻了,人们带着半导体收音机,一边漫步公园跑道,一边聆听新闻,车载收音机也带来了移动接收的广泛应用。但是,真正的移动新闻是具备互动性和节点多样性的,发源于手机时代的短信,被归类为 MoJo(mobile journalism,智能手机新闻)。到了社交媒体时代,移动新闻开始普及。今天,已经升级到移动智能时代。

1. 手机短信新闻时代

手机短信(short message service,简称 SMS)是指利用移动通信网络资源和移动通信终端的相应功能,发送和接收文字或数字信息的业务。其特征有二:一是短信的信息长度与通信系统的信令网传送内容的机制密切相关,用户每次能接收和发送短信的字符数是 160 个英文或数字字符;二是短信的传递方式是存储转发,当用户无法即时接收时,短信不会消失,而是存放在短信中心,当用户重新登录时会被立刻发送到用户手机上[1]。手机短信以其方便及时、传递精准可靠、收费低廉等优势赢得了人们的青睐。

1992 年 12 月 3 日,世界上第一条手机短信由英国 Airwind 公司工程师尼尔·帕普沃思通过 PC 向移动手机发送成功,内容是"圣诞快乐",接收者为理查德·贾维斯。1996 年,时代华纳旗下的 CNN 就成立了专职

---

[1] 《手机短信群发的发送特点与时间选择》,2012 年 2 月 17 日,百度文库,https://wenku.baidu.com/view/09a6020b7cd184254b3535b3.html,最后浏览日期:2020 年 7 月 27 日。

部门——CNN Wireless,从事手机媒体业务。美国总部还投巨资专门成立了两个针对手机媒体的研发实验室①。1999年,短信成为青少年广泛使用的联系方式而弥漫全球,改变了人们的通信、工作和社交方式,并创造了"拇指经济"。1997年,中国的汉语短信服务业务开通。随着手机的普及,2000年,移动梦网令短信业务门槛降低,中国手机短信量突破10亿条。

手机短信的普及开启了移动新闻时代。短信及时性、互动性强,很快成为报纸、广播、电视、网站等媒体的新经济增长点,以手机为载体的短信新闻资讯迅速普及。

1998年,便携式全球卫星电话已经开始使用,信号覆盖全球。在突发报道中,记者可以携带14千克重的提包,将压缩设备随身携带,5分钟就可以安装运行。当时,新华社、中央电视台、法国电台等都已经使用移动卫星进行传真、收发电子邮件、转接广播电视信号和进行现场直播。

短信的普及推动了信息全球化。2003年,美伊战争爆发,手机凭借传输速度快、互动性强等优势成为重要的战争新闻关注平台②,中国和美国的新闻网点访问量激增3倍。搜狐网称,2003年自己的网页访问量达到历史最高水平。战争打响后数小时内,短信订户增加了近2万户,短信收入瞬间增长50多万元。即使走在大街上的行人,也在不停地使用手机互发短信,传递最新战况和黑色幽默。手机短信的及时、便捷令诸多门户网站借助手机将战争新闻以短信形式在第一时间向用户发送,速度远远超过传统媒体和门户网站。

手机短信引发了流言与公开的新时代。2003年5月,中国"非典"流言大规模扩散,多种版本的"非典"故事四处流传,令各级政府一时处于被动中,间接撼动了以往的官方信息遮蔽模式,开启了公共卫生信息透明的新应对时代,手机短信也同时成为突发预警的快捷通道。

---

① 《传统媒体虎视手机"金矿""第五媒体"生存密码》,2005年12月8日,东方网,http://news.eastday.com/eastday/node4/node101/node1534/userobject1ai22323.html,最后浏览日期:2020年7月27日。

② Jon Swartz, "Iraq War Could Herald a New Age of Web-Based News Coverage," 2003-3-19, USA TODAY, https://usatoday30.usatoday.com/tech/news/2003-03-18-iraq-internet_x.htm,最后浏览日期:2020年7月27日。

各类媒体借助短信加大互动。湖南卫视的《超级女声》、中央电视台的《梦想中国》、东方卫视的《加油！好男儿》等节目相继采用短信支持率作为选手晋级和被淘汰的重要参考，观众无形中升为场外评委，其身份不再是旁观的被动受众，他们的意见可以决定选手的输赢。《梦想中国》采用全民投票方式评出最终的大奖获得者，大大提升了观众的积极性，收视率也空前提高。2005年，《超级女声》在5个城市推出，声势浩大，决赛参与短信互动人数每场超过一百万人，短信总投票数超过400万，开创了手机时代的新景观。

2. 手机报时代

短信群发功能的开发，令短信具有大众传播渠道属性。各大传统媒体开始开设手机报业务，随着手机影响力的上升，手机报逐渐在主流媒体当中广泛应用。中国移动创办的手机报《新闻早晚报》在2009年的终端用户达到3900万，该报并不像传统媒体那样自采自编，而是采取购买外稿的形式，选取最适合手机新闻阅读的内容上线。手机报呈现如下新特点。

（1）媒体发布时间提前。手机用户的作息时间影响着媒体的信息发布时间。以东方网为例，门户时代的网站编辑7点半以后上班，因为以白领为主体的用户经常是在上班后才开启电脑查看新闻；而手机报的编辑往往6点就开始上班，因为其用户在早晨起床后或者上班路上就开始阅读新闻。因此，媒体转换了生产节奏，以用户接收时间调节自己的信息提供时间。

（2）媒体应用场景变化。ZAKER这一聚合平台发现用户使用移动媒体的主要时间是：早晨起床后和上班路上的时间；午餐后的休息时间；晚上回家后的时间，该时段也是一天中流量最大的时间。各大媒体的移动新闻服务方案也随之发生变化：早晨推送短信息或者音频；中午推送休闲；晚上在家中Wi-Fi状态下推送流量较大的视频或者较长的信息内容。因此，各大短信发布平台也采用在早晨发布一次后，注重在下午下班前再发布的两次发布方式。

（3）内容多样化。手机报借助传统媒介的内容，结合新的媒介形式，整合出一种新型的信息发布模式，不仅给用户发送新闻，还可达到读者调查、读者评报等多方面的效应，为受众提供更有针对性的服务。1999年，CNN

开发出借助移动电话的广泛新闻信息业务 CNN Mobile 无线增值服务,提供新闻文本、天气预报、股票市价、航班时间等业务。

(4) 彩信推出。彩信是在 GPRS 网络支持下,以 WAP 无线应用协议为载体传送图片、声音与文字的信息。各大传统媒体借助手机彩信功能,主动推送特别指定的彩信新闻。彩信新闻内容精简,主要涵盖新闻要素的文本和清晰度较低的图片,另有声音、动画等多媒体内容,大大增强了移动短信息的功能和可看性。2001 年 3 月,世界上第一条彩信发出。2002 年 10 月,中国移动通信正式推出彩信业务,融彩色图像、声音、文字于一体;当年年底,诺基亚专门举办了彩信新闻采访活动,召集记者采访团赴北京、上海、重庆三地,拍照、写作、发稿全部集中在一部彩信手机上完成。2002 年,CSL 推出香港第一个移动多媒体"体育杂志",介绍一系列流行的体育活动,报道亚洲和全球体育盛会,用户会自动收到他们喜欢的运动队和体育项目的多媒体信息服务新闻提醒,并可以随时随地通过移动多媒体通信浏览进一步的信息①。

移动互联网在新世纪初为新闻媒体增加了一个新闻采集、传播的新途径。移动小型化的设备积极构建移动编辑部新平台。2004 年 2 月 24 日,人民网、人大新闻网、政协新闻网共同推出国内首家以手机为终端的无线新闻网——全国"两会"无线新闻网,首次实现了手机报道国家重大政治新闻的历史性突破。"两会"期间,每天新华社将权威新闻资讯定时发送到具备 CDMA 功能的手机上。随后,北京好易时空公司和中国妇女报推出了全国第一家手机报——《中国妇女报·彩信版》。这张彩信报纸一改短信容量小、格式单一的缺点,容量达到 5 000 字,同时支持文字、图像、声音等各种媒体格式,还可以实现用户和报人之间的互动②。2005 年,中国第一家无线新闻网站开通,手机用户可通过短信彩信实现与其他媒介信息的同步接收。2005 年 8 月 26 日,《京华时报》头版刊登了手机拍摄的和平门地铁站火灾照

---

① 陈宇红:《CSL 推出香港第一个移动多媒体体育新闻服务》,《邮电设计技术》2003 年第 6 期。
② 刘相龙、李鉴章:《全国首次出现报纸手机彩信版》,2004 年 7 月 19 日,新浪网,http://news.sina.com.cn/c/2004-07-19/00053121099s.shtml,最后浏览日期:2020 年 7 月 27 日。

片。继而,《北京晚报》《北京青年报》《竞报》《羊城晚报》等报纸相继开设了《手机照片》专栏,专门刊载手机新闻照片[①]。

手机从一种通信终端逐渐演变成一种信息终端,越来越媒体化。2005年,《沈阳日报》记者汪洋撰写了《手机新闻:移动通讯竞争的新热点》,总结了手机新闻快速、及时、准确、文辞简洁、成本低廉、接收率高等特点和优势。记者发现全国各地的纸质媒介正在纷纷创办手机版。联通开通了"专供信息"订阅业务,个性化服务随移动新闻展开。个性化、互动性、即时性的手机新闻特征已经被识别——短小、精悍、有冲击力,使手机新闻与网络新闻区分开来。2005年年底,中国记协主席邵华泽在会议致辞中指出,以手机短信彩信、手机电视、手机广播、手机报纸为代表的移动互联网正在成为继有线互联网之后发展最迅猛的信息传播方式。手机作为新的传播终端,因其高效、便捷、及时、互动等特性,使人们随时随地发布、接收、处理和加工信息成为可能。

手机媒体独有的互动性,还开拓了新闻报道的信源。例如,新华网发出的第一条有关中石油吉林石化爆炸的图片新闻,不是来自摄影记者,而是来自当地居民用手机拍摄传输的照片;北京交通台《一路畅通》栏目请驾驶员发送短信提供路况信息。

随着3G的开通,手机功能被强化和拓展。手机镜头及其像素的改善使手机成为影像采集的有力工具,推动移动新闻进入彩图时代,如百万像素手机造就了"市民摄影记者"。2005年7月7日,英国伦敦地铁爆炸案现场,市民用手机拍摄的照片被世界主流媒体相继播发。2005年8月,美国田纳西州出现了一个名为Cell Journalism的供稿机构,发起人帕克鼓励公众使用手机拍摄新闻事件和名人照片,通过图片社网站Cell Journalism.com为主流媒体供稿。2006年12月,路透社和雅虎网站鼓励市民记者上传新闻信息。

3. 移动自媒体时代

新闻信息以个人的关系网络为主要渠道。随着博客的崛起,人人都有了信息发布的可能。2002年,"博客中国"萌芽。2005年,伴随着Web

---

① 周怡、姜岩:《试论手机媒体对新闻传播活动的影响》,《新闻界》2009年第1期。

2.0技术的成熟,博客用户迅速增长,并通过超链接以一种极具个人化色彩的网络日志形式成为最流行的资讯传播方式。不同的个体或组织都纷纷尝试运营博客,自由传播个体化、个性化的内容,大众化、公民化的新闻形式出现,并与传统的大众化专门新闻机构形成巨大的反差。以《赫芬顿邮报》为代表的自媒体资讯迅速崛起,私人化、平民化、自主化的叙述方式加入了新闻生产。作为意见领袖,"网络大V"打破了传统媒体的话语垄断,改变了传统网络的舆论格局,为丰富话语意见提供了多种可能性。

依靠时效性强、140个字的限定、易操作、内容多样等优势,微博于2010年迅速崛起。微博成为媒体跟踪突发信息的重要来源,也令媒体跟进与公众关注紧密结合。2009年,《南方都市报》入驻微博。江西宜黄强拆事件发生后,2010年9月16日,钟家姐妹赴京被追堵,《凤凰周刊》记者邓飞在此后三个小时内发出20多条微博信息,令事件过程被完整地记录下来。2011年7月23日,温州动车追尾事件中,最早来自网友"Sun_苗"在20点27分的微博消息被转发2万多次,评论有8 000多条。2012年4月26日,人民网官方微博声称"微博女王"姚晨每一条微博的阅读量是《人民日报》发行量的8倍。伴随着智能移动终端的普及和新浪微博的正式开放,以及腾讯微博、搜狐微博等的发展,碎片化与个性化的用户中心时代开启。

同时,新闻业内催生了一个新的岗位——移动记者(MoJos),也就是专门使用手机来进行新闻报道和发布的记者。2007年,美国《迈尔斯堡新闻报》指派了12名移动记者,并给他们配备了最前沿的传播设备,每天逐个街区收集新闻,当天在汽车里把新闻传给在线新闻网站和印刷媒体。移动成为新闻工作的主要方式,电视移动直播车纷纷出现,使重大事件或突发事件中的视频传送实时有效。智能手机功能强、应用广,成为新闻报道的要件,不仅用来通信联络,还用于采集和传送新闻稿件。路透社和诺基亚公司在2007年尝试过为诺基亚N95型手机推出一款手机现场报道工具包。这款工具包不但提供了使用便捷的文字和视频编辑器,而且还可以从互联网上帮助记者方便地采集和提取关于新闻现场的时空和环境信息。新华社在2008年奥运会前开发了一套手机发稿系统,利用智能手机进行多媒体稿件的创建、编辑、初加工、传稿、签发等操作,支持多媒体稿件的快速传送和多媒体信息的即时播报,还采用三重身份验证机制,确保发稿渠道安全。

2011年年底,谷歌与Ipsos Research的合作调查发现,新加坡、澳大利亚、中国等地已有三成以上的智能手机用户,适配于手机、平板等的移动终端纷纷被创办。网易新闻客户端2011年3月上线,24小时滚动发布网易新闻资讯,开设了新闻、话题、图片、跟帖、投票等多个版块;新华社多媒体新闻栏目《中国网事》2011年6月上线,设有动漫网评、网络人物故事、图片、热点排行榜、微博、微言六个媒体版块。

4. 移动社交时代

作为互联网发展历程中的变革性应用,社交网络一度改变了人们的沟通方式和信息传播渠道。网络开启后逐渐出现了电子邮箱、即时通信工具、网络游戏乃至虚拟社区。20世纪90年代,以论坛(BBS)为基础核心应用的网络社区开始出现,ICQ、MSN等网络寻呼工具相伴而生。1991年,中国最早的BBS论坛"中国长城站"创立。1995年,可多人在线的"水木清华"创立,猫扑、天涯、西祠胡同、凯迪、百度贴吧、豆瓣、强国论坛等社交网站多元鼎立,构建起虚拟型组织关系和社会结构。2004年,扎克伯格创立Facebook,2011年,其实名用户达8.45亿,一度估值达1 000亿美元,快速成为世界排名领先的照片分享站点。全球社交网络崛起,中国开心网、校内网随之风靡。

Web2.0时代,社会化媒体开始转向。社交与内容生产结合,用户成为主角,各种论坛、游戏、即时通信、博客、视频分享、问答、维基、SNS、微博、LBS等都是社会化媒体应用。公民以各种方式参与了新闻生产——原创、线索提供、资源提供、增值、互动、整合等。Facebook和Twitter成为最重要的社交媒体。与传统的社交网络不同,手机比PC有着天然的联系人属性、实名属性和位置属性,可以大大减少信任成本,同时又具有很强的便利性,满足人们时时社交、永不离线的需求。Facebook凭借本身在互联网社交上绝对垄断的地位,在App Store免费下载榜和全部下载榜中都稳居第一。

2012年6月,中国手机网民首次超越PC网民的数量,引发了信息发布和获取的革命。各大门户网站纷纷抢滩移动客户端市场。2012年伦敦奥运期间,手机平板电脑的移动终端成为用户获取奥运信息的重要渠道,iOS系统快速被接受,微博成为奥运报道新方式。搜狐、网易、新浪三家是用户使用最多的视频媒体,纷纷开创自制新闻专题节目。

社交媒体发力成为移动新闻主要终端。《华盛顿邮报》2011年开始在社交媒体上与Facebook、Twitter合作，设计各种应用工具参与新闻互动。BBC、CNN设置iReport等应用，鼓励用户上传故事、照片和视频，方便社区分享。2012年4月，腾讯旗下的即时通信软件微信推出新闻服务，微信公众号顺着移动社交的潮流替代微博成为中国移动新闻的主流载体。

多端组合阅读渐成主流。移动用户使用电视、PC、手机、平板等多个组合终端获取新闻，特别是在重大事件新闻直播时刻。比如，美国总统奥巴马与罗姆尼的竞选辩论实况，美国受众就使用多屏接收。谷歌2013年8月的数据发现，七成以上的电视新闻受众同时使用移动网络看新闻。

移动端开始寻求适配体验。加拿大发行量最大的《环球邮报》在手机新闻网页上注重手机适应性，其首页设计由简洁标题组成，打开只需3.81秒；针对不同移动设备有8类应用模式，确保速度和适应性。用户等级被划分为老式手机型、高端手机型和触屏手机型三种，个性化定制和推送功能成为移动新闻客户端的"新利器"。Flipboard于2010年推出聚合型翻阅浏览方式，免费安装安卓和iOS端口，成为实时出版、自动生成内容、个性化的社会媒体，与传统杂志的电子化截然不同。Circa将文章按信息点打散成一段段精练的话，并按主次排序，读者可以点击"＋"号跟进新闻，还可以用邮件分享给好友。

5. 智能场景时代

万物皆可互联。新闻不仅通过人获取信息，还借助大量传感器收发、传递信息。不仅人可以生产发布资讯，各种具备传感器的物件也会发出信号，创造出人与人、人与物、物与物之间都可以互联的物联网时代。新时代的新闻生产主体已经从人扩展到生物圈和实物圈，各类飞行器新闻、传感器新闻等进入移动新闻领域。

大数据时代，所有移动信息都可以记录还原，开启了由云计算为基础的新型报道方式和传送方式。以今日头条为代表的个性化推荐平台迅速崛起，字节跳动这个并不生产内容的公司依靠网络信息抓取和标签细分进行智能推送，迅速占据中国移动资讯中的首位。残酷的竞争令同类媒体纷纷采用智能推送技术，如腾讯客户端继天天快报后于2017年转型成为个性化推荐媒体。

场景时代开启,人类不再在固定时空中进行信息交互,而是需要基于不同时间、地点、需求、人物关系的差异性,针对性地生产资讯和交互资讯。媒体开始使用手机的 LBS 功能随时定位和联系散落在各处的采访记者,一旦有突发事件发生,坐在总部办公室里的编辑可以迅速定位到离事发地点最近的记者并派出采访任务。此外,还可以利用手机的定位功能来探索基于用户位置的新闻选择和推送方式。这一基于空间性的新闻实践形式从某种程度上改变了过去以时间性为第一要素的新闻价值标准。各种基于移动现场和碎片融合的新闻手段深刻改变了新闻实践:全能记者需求庞大,掌控移动多媒体硬件和软件成为其必要条件;移动直播盛行,主播与粉丝即时互动,打破空间隔阂,参与性加强,直播平台快速火热;短视频爆发,快手、抖音随着底层受众的移动化,快速成为新型的资讯传达工具;梨视频看到商机,采用 UGC+PGC 的模式扩展短视频生产的平台界限;阿基米德等音频媒体也受到影响,随之开启了 15 秒智能短切的新移动碎片时代;以弹幕为代表的多线程互动得以普遍接受,除了 B 站、A 站等新生代聚居的平台,爱奇艺、优酷等视频平台也纷纷推进多维互动常规化。

第三节　新语境　新生产

一、移动新语境

移动互联时代,媒介生产的主体、渠道、载体、内容、形式、受体等都发生了颠覆性变化。

1. 媒介主体在构成、角色、任务等方面变化显著

媒介主体构成更加多元丰富,除了传统媒体的编辑、记者外,还增加了自媒体生产者和社交媒体生产者,UGC 等新型生产方式生成了无限底量的新型生产者。专业媒体工作者与社会大众都具有生产、传播、消费的能力和权力,但专业媒体人逐渐与广大普通自媒体人呈现出生产全程与半程的差异。媒体人的角色担当了"鉴定者""释义者""调查者""赋权者""聪明的聚合者""新闻榜样"等多重职能。媒介主体面对三大新目标任务:务求真实

地核实信息、专业严谨的编辑团队以及针对移动场景的表达。

2. 渠道向移动端挪移

移动互联的大潮在重塑全部行业、全部关系。新媒体迭出,从门户网站到搜索引擎,到视频,到社交,到自媒体——博客、微博、微信,再到移动端,网络推进中各种媒介形态并没有彼此颠覆,而是不断叠加丰富的共存状态。专业媒体+自媒体+各类组织媒体和纸媒+广播+电视+网站+"两微一端"(微博、微信和新闻客户端)+社交媒体+即时通信等,各种组合构成皆有可能。不仅是传统媒体向新媒体转型,而且是整个社会正在被移动互联网重塑。过去,传统媒体同时垄断渠道和内容;当下,传统媒体边缘化、去中间化、去中介化。各大平台媒体通过差异化竞争以提高信息搜索的精准度、服务产品的丰富度,从而吸引用户、创新商业变现渠道。新媒体平台集中,而渠道赢家则通吃,内容生产细分化、专业化,媒体人、非媒体人都有机会。

3. 移动载体影响阅读方式和习惯

与纸质阅读、网络阅读相比,手机移动阅读突破了时空局限,人们可以随时随地进行阅读。这在阅读史上是一次革命,给读者带来了前所未有的方便。在阅读内容上,手机移动阅读主要以各类新闻、金融财经实时信息、体育实时赛况、其他动态资讯等时间敏感性阅读内容,与读者所处地理位置相关的信息为主,非严肃性内容居多,偏向消遣性的文学娱乐等,篇幅倾向于短小精悍。在阅读方式上,主要表现为快餐式阅读。由于读者身处移动环境,时间短、干扰因素多,无法静心阅读,快餐式、浏览式、随意性、跳跃性、碎片化的阅读特征突出。移动阅读终端对应的是单个读者,具有较强的私人属性,因此,个性化阅读特征非常明显[1]。手机成为用户最亲密的信息接收工具,使新闻获取时段发生变化,晚上10点半至11点半已由新闻阅读的低谷时段成为移动终端阅读的高峰时段。多屏接收时代开启,碎片时间得到充分利用。新闻媒体如何主动适应载体变化继续赢得生存发展的空间,是移动互联时代资讯生产及传播面临的新课题。

4. 新闻内容的范围不断扩大

移动时代和自媒体的时代并不缺少内容,但有价值的内容永远是稀缺

---

[1] 茆意宏:《论手机移动阅读》,《大学图书馆学报》2010年第6期。

的。谁拥有个性化的、稀缺的、有价值的优质内容,谁就掌握了受众。但新闻的原则结构不变,仍需要专业性、客观性的公信力,优秀的作品仍然是新闻性、思想性、社会性、艺术性和科学性的统一。

5. 移动新闻形式出现了模态多样化特征

从形式上来看,传统媒体往往是单媒体,而移动媒体都是多媒体,一个信息包含文字、图片、音频、视频等多类媒介形态。模态主流有所更新,从文字时代演变为图文时代,再演变到短视频时代,文字、图片、声音、视频以及更多整合类型纷纷进入移动新闻资讯场景。其整体着力发展基于用户兴趣的"算法分发",满足于移动互联网时代用户对个性化新闻需求的趋势,使传统媒体与新媒体加速融合,全媒体范式初步显现。

6. 媒介受体剧变

移动网民成为新闻受众主体,当下中国手机网民已经占了所有网民的九成以上,人均上网时长逐年递增,"90后""00后"成为主体。他们主体意识强,独立性、选择性、差异性明显增强,如何打造一款让"90后""00后"感兴趣的新闻资讯产品是全行业的一个难点。媒介受体正在远离被动性,他们在传承信息接收者角色的同时,还是信息的转发者、评价者、改变者、创造者和阻断者。受众正在成为全球信息的监督者和各种事件的第一目击者和爆料者,也是被服务者和消费者。他们不再被动地接受信息,而是强调自我判断、监督环境,维护自我话语的权力。美国传播学者约翰·费思克提出"生产性受众"的概念,强调受众的主动性和其巨大的新闻生产力与创新力。从被动接受到主动获取,从消费信息到生产内容,从匿名群体到真实个体,从接受信息到传播信息,从受众反馈到用户体验,用户个性化需求增强,参与性需求增强,情感性需求增强①。

二、媒介生产新方式

移动新闻生产出现了去中心化、平台化、多样竞争、智能推荐、"液化"、融合、用户中心化、品牌化、差异化等新特点。

---

① 李良荣:《网络新媒体概论》,高等教育出版社2014年版,第58—69页。

1. 去中心化

移动互联网时代,去中心化主导着新闻媒体的变革,包括标题、导语、写作等采写编辑思路的去中心化,还包括生产系统各要素的去中心化:治理结构去中心化——不再强调部门区隔,而是强调合作和全能调节;人才使用去中心化——注重培养新型媒体人的新闻素养,而不是将"新"理解为一种技术、一个部门。

2. 平台化生产

移动互联时代构建出多方共赢的平台生态圈。新闻的生产主体不仅包括传统时代的专业媒体机构,自媒体、社交媒体的崛起令每个个体、每个组织、每个社群都可能成为新闻信息生产的主体。新闻业竞争不再只是专业媒体之间的肉搏。平台化的新闻传播与传统媒体机构的最大不同,在于海量新闻和全网聚合,以及借助算法实现价值最大化和最优化的传播,将采编流程众包给内容生产者。

3. 多样化竞争

一方面,传统媒体与新兴媒体共时存在;另一方面,各媒体自身也多元并存。传统媒体转型中往往转成全媒体,如人民日报社旗下的人民日报客户端、网站、微博、微信公众号等与报纸共时存在。部分区域性媒体合成为融合媒体,如银川报业集团糅合了原网站和报纸,同时又将银川广播电台、银川电视台纳入其中,并组建了新媒体中心,构成了报纸、广播、电视、网站、"两微一端"共存的多样化结构。各大新媒体平台(如腾讯等)也多样化经营,开发了涉及网络和移动端的多样化产品。

4. 智能聚合与推荐

基于用户兴趣的"算法分发"逐渐成为网络新闻主要的分发方式。相比于纸媒和PC门户时代的"编辑分发"模式,"算法分发"利用数据技术筛选用户感兴趣的新闻资讯,极大地提升了新闻的分发效率,也更能适应读者的个性化需求。通过对庞大海量的新闻数据库进行多维度的处理,在充分挖掘新闻内容最大价值的同时又能够契合用户需求,基于用户的新闻内容进行个性化推荐并注重媒体的多维度聚合,这毫无疑问将是移动新闻资讯传播的重要发展方向。

5. 移动新闻令新闻职业共同体"液化"

职业记者和公众既无法固守原来的职业与非职业的边界,也没有从原有社区秩序中完全脱离,而是相互渗透。比如,澎湃"问吧"开启互动生产新模式,在"问吧"中,记者可以根据用户提出的问题就细节集中讨论。这不仅可以解决个体疑惑,还可以表达题主意见,并根据用户反馈及时补充专业知识,激发公众深入知晓、评判新闻的潜能,用户在互动中参与新闻生产,可以检视,可以评论,可以学习。

6. 传统媒体与新媒体融合进程加快

全媒体融合趋势初步显现。传统媒体和新媒体"有形"融合逐步完成,中央和各地方媒体积极利用"两微一端"向新媒体转型,其中的《人民日报》、中央电视台等传统媒体已经形成了强大的网络传播影响力。但是,媒体的"无形"融合仍有待深入,传统媒体从思维到认识、从内容到渠道、从平台到经营,亟待实现与新媒体的深度融合。

7. 用户中心理念崛起

在这一理念下,移动媒体必须尊重用户、了解用户,使用户参与产品生产过程,并尽可能让他们之间形成交互。移动社会已经没有传统意义上的受众,上到央媒,下至自媒体,都需要依靠自己的传播、内容、营销来主动获取用户。与"受众"的概念相比,"用户"具有个人性、自主性、互动性、参与创造性等鲜明特征。新闻信息不仅可供用户阅读、收听、收看,也可供检索、存储、修改、评论、下载、剪辑和转发等。媒体必须主动学习如何创造性地了解、适应、服务好用户而不是受众。

8. 品牌力凸显

在海量信息和信息不断抓取的时代,无论多高质量的原创内容都很容易被淹没,要让用户产生黏性,就需要发挥品牌效应。品牌让媒介更有识别度,产品风格更鲜明,个性化和功能特点更突出,易于使用户容易记住。当用户发现媒介品牌的恰当和有效时,就会成为回头客或者订户,媒体才真正在海量资讯的时代站稳脚跟,原创内容才能真正达到效果。

9. 创造差异化价值

媒体生产内容朝着多样化、精品化、差异化方向发展。各大媒体记者的新闻内容在采集过程中就同时进行全媒体素材采集,进入"中央厨房"整理分发,然后被处理成多样化的稿件适配给不同的终端。记者往往需要"一稿多投",同一选题或素材要针对报纸、微博、微信公众号等不同用户需求和载体风格进行变化。新的生产模式应运而生,如 UGC 模式、众包模式、"迭代"模式、融合新闻模式、再造新闻等。

三、新闻生产新要求

与传统新闻相比,移动新闻生产在主体能力、用户服务、产品特色及生产方式等方面提出了新要求。

1. 能力新要求:全能、连接、互动

智能手机推动了新闻全媒体呈现方式的普及,导致以往的条线分隔和单一载体报道能力不再能满足需求。除文字生产外,更多记者被要求增加全媒体生产能力。记者不仅要能写文稿、拍照片,还要能摄制、剪辑短视频,做可视化图表,以及操作直播、VR、无人机等。

除了以往的原创生产力,新闻生产者还要具有连接力。新闻媒体已经认识到,海量时代,再好的内容没有被看见就没有意义。原创型新闻生产者被要求培育连接能力,要理解不同平台和渠道的特性,与其他渠道建立共赢关系,多转发、善分享,推动新闻产品被更深、更广地接纳。

移动新闻生产不再是单向的,互动能力更被重视。比如,移动直播并非单向播出,主播要直接与用户对话,引导围观者参与沟通,配置视频弹幕等,让终端用户发出声音,积极反馈。资讯发布者必须从原先的仅以发布信息为核心任务,转变为在信息生产发布的同时,及时交互,跟踪受众反应,同步反馈信息,根据受众的反应进行下一步信息生产发布的调整。此外,还要学会与粉丝沟通,提升运营能力。

2. 服务新要求:体验性、参与性、微粒化

信息爆炸和需求升级的背景下,新闻生产必须转换思维,满足用户需求,提升用户体验。媒体要基于用户的现实需求,研究对应用户的痛点问题,找到共赢的结合点,还要采用更生动、快捷的渠道和形式连接用户,让用户的体验升级——更愉悦、更快捷、更方便。在价值链的各个环节都要以用户为中心去考虑问题,让用户成为产品的一部分,让用户参与产品的设计与优化,参与品牌传播。媒体要致力于打造让用户尖叫的新闻产品——触及痛点、痒点和兴奋点。痛点即用户需求,必须是刚需,是用户急需解决的问

题;痒点即用户需要的,想要解决的或希望能避免的,但不是刚需;兴奋点即给用户带来"Wow"效应的刺激点。好的用户体验应该从细节开始,贯穿于每一个细节,让用户有所感知,并且这种感知要超出用户预期,给用户带来惊喜,贯穿品牌与消费者沟通的整个链条。

尊重移动受众的独立性和判断力,让受众真正产生个体化的真诚体验,参与新闻生产。理解用户的平等意愿,尊重其话语表达权力,选题中公开争议性或参与性,布局中设置用户空间或者设置参与环节,这样会更有吸引力和影响力,利于产生用户黏性。

移动新闻的用户分析应达到微粒化程度,各大媒体需要理解甚至积极借助个性化推荐技术直接给用户贴标签,输送适配的内容;善于掌握各类识别智能对用户个体特征进行记录,运用各类大数据平台通过用户属性和行为特征制作用户画像。

3. 产品新要求:融合性、视觉化、碎片化

移动新闻内容并不是以往新闻内容的移动平移,而是借助新技术实现了融合化。手机带来新的语言组合方式让新闻有了不一样的诉说方式,从以文字为主演变为图文时代,再到短视频时代,文字、图片、声音、视频以及更多整合类型纷纷进入移动新闻资讯场景。传统媒体往往是单媒体,而移动媒体都是多媒体,一个信息包含文字、图片、音频、视频等多类媒介形态。移动新闻着力发展基于用户兴趣的"算法分发",满足移动互联网时代用户对个性化新闻的需求,传统媒体与新媒体的融合加速,多媒体集成、数据可视化、移动 H5、直播、短视频、社交自媒体等多个向度的尝试大量展开,新闻游戏、虚拟现实新闻、无人机新闻等新类型的探索都在进行整合推动。

当下的新闻移动媒体客户端口越来越重视视觉化、可视化等效果,图片成为新闻的重要构成要素,公众号文章的表达习惯往往是两段文字嵌一张图片。而且,诸多客户端界面也喜欢采用大图呈现当日头条新闻,在各类内容排布上也多喜欢用大图。视频表达越来越热,已经成为媒体标配,不少客户端因此开设了视频频道。除了多媒体呈现方式接近人类的信息接受习惯外,文字处理也要重视体验感,重视细节、具体动作、画面感和讲故事的方式,这样才更有吸引力。短视频、可视化等新形式正在成为主流,抖音等短视频平台的崛起令微信公众号的浏览量下降,更适于用户接受的视觉化形

态更为普及。各大平台还推出短视频剪辑工具或各类可视化软件,方便普通人参与形式加工,令视觉化产品更加多样丰富。

碎片化是传统时代简洁化要求的升级。注意力被切分的时代,各大媒体都在抢夺用户的碎片化时间,受众已经不能长时间将注意力放在单一的资讯上,很少长时间地阅读资讯。新闻产品不能以传统的文稿长短作为作品的判断标准,而要参考文稿的点击量、浏览时间和跳出率数据。所谓的简洁并不是琐碎,而是直接抓取关键点,直接提供主要要素和重要之处,帮助人们节约时间,用短的文章、短的段落、短的句子、短的词汇、结构简单的字和发音简单的字,让用户跨越文字障碍直接到达内容本身。在2017年"两会"期间,有媒体做的VR直播节目效果却不如凤凰网做的《一分钟看懂"两会"政府工作报告》,这份"报告"抓住了重点,既帮助受众节约了时间,又点中了核心。

4. 生产方式新要求:实时、连续、协同

当下人们对资讯生产与发布的速度要求更加苛刻。彭博资讯提出了"毫秒"竞争的概念,在舆情领域提出"黄金半小时"的概念,各大媒体纷纷进入24小时作业状态,编审随时随地进行,执行三班倒的值班制度。时间要求也愈加紧迫,海量信息即时更新覆盖,失去热度的事件可能会被刻板记忆。

传统时代,新闻信息完全由生产者产出,信息一旦制作发出便基本定型,有据可查,受众只能全面接受,间或有所反馈,几乎不能调整改变。而移动时代,信息由于节点连续传播变化,所以在不断变化生成中出现了迭代新闻、对话新闻、新闻留言、互动服务等连续性和动态化环节,让新闻呈现为一个源源不断流入的窗口,而不再是一个固定的、可定性的事件或表达。

移动时代新闻生产主体的构成被大大扩展,各种社会协作方式展开。比如,各大主流媒体的新闻生产都选择第二落点,先发在社交媒体中找到新闻线索,并在生产发布全程与外界互动和沟通,随时植入众包、众核、众创等环节。还有部分协作实际上通过产品供应筛选机制或平台产品提交机制而完成,比如,澎湃设置了湃客为UGC上稿路径,媒体内部人员增加了对自媒体稿件的筛选组织工作。为了协助生产,梨视频建立了专业拍客内容流程,全面介入拍客内容生产流程,从拍客、信息到核实系统、中央编辑系统、审核发布系统、支付奖励系统,一个拍客在15分钟内就可以生产出高质量的视频作品。

第二章

让移动报道更专业

新闻报道的专业性在从传统媒体到移动媒体的技术变迁中并没有被摒弃,反而更加重要。这要求移动新闻构成要素完整,遵循准确、客观、公正等原则;在新闻价值方面,既要保持快速、重要等传统价值,还要增添服务性、参与性等新价值。记者在遵循以往的工作准则之外,还需要增添移动时代的新素养,遵循新的行业规则。

第一节 移动新闻报道要素

一、新闻报道的基本构成

一个新闻报道仍旧由标题、导语、正文、背景、结尾构成,而且5W1H仍旧为核心要素。

第一,标题。在移动媒体时代,标题起着至关重要的作用,它是新闻是否被点击的关键,往往要说明重要价值点。

第二,导语。导语是新闻的第一段话,在传统媒体时代,它是第一位的。而今,它也对受众形成对全文的观感以及全篇布局和整体风格起着重要作用。

第三,问题或冲突。新闻的核心是突出问题和冲突,而不是讲常见现象。因此,要将核心冲突凸显出来,引发受众关注。

第四,补充导语。补充导语是导语后面继续说明新闻事件要点的段落。

移动新闻实务教程

人们在看到新闻标题后会自动对新闻内容产生预设,报道需要在几个段落里讲明核心内容。一般新闻的第一段叫导语,后几段叫补充导语。

第五,影响,即新闻事件的后果。影响的大小和与受众的关联度决定了新闻的关注度。

第六,背景材料。背景材料是对新闻的时代状况、具体因果的相关解释说明,以及对消息源身份状况的说明等,对判断新闻有重要参考价值。

第七,结尾。结尾是报道的最后一段,仍旧需要用事实说话。

第八,5W1H。5W1H即描述事件的基本要素——时间、地点、人物、事件、原因、过程。What:事件的内容和报道的目标;Why:事件发生的原因;Who:这次事件的当事人;When:事件在什么时间、什么时段发生;Where:事件发生的地点;How:怎样进行。报道任何事件,乃至描述任何工作都应该从5W1H来思考,有助于思路的条理化,杜绝盲目性。报道采用5W1H要素,能节约写作时间和浏览新闻的时间。

案例1:

法警背起生病被告

——司法界人士认为,这反映了我国司法体制改革
更加注重体现对人格的尊重

本报记者杨永辉、实习记者王雪莲、通讯员吴怡报道:前天,西城区法院正常开庭。法警11083号把一个行动不便的女被告背上了三楼的法庭。当旁听的市民见到法警背上来一个戴着手铐的被告时,大厅立刻安静下来。

据目击者吴小姐介绍,她在1月29日去西城区法院办事时就看到过这一幕。当时,女被告深埋着头,不时地发出啜泣声。背进三楼休息室时,法警的额头已渗出了汗水,女被告则流出了眼泪。

昨天,女被告告诉记者,今年6月她被确诊患有椎管狭窄症,两腿走路十分困难。被法警背起时,她问过法警的姓名,可法警没回答。

11083号法警叫贾文家,今年26岁,在西城法院已工作6年。昨天,记者采访了他。"我没觉得这个举动有啥大不了,她一个老太太,得了病走路很困难,虽然是被告人,但作为法警帮她这个忙是我的职责。"据他介绍,那天背着老太太从楼下上来时,正赶上大厅里有50多个等候旁听的市民。见

他背着个戴手铐的,本来乱哄哄的大厅顿时安静下来。"那会儿,我听见背上的老太太哭了,我能感觉到她低下头,把脸靠在我肩膀上。"

目前,该妇女已被宣判犯有贪污罪,判处有期徒刑1年。宣判结束后,已成犯人的老太太仍由法警一步步地背下楼梯。

记者注意到,在此之前,我国司法界连续出现了一些意义深远的变化。诸如:罪犯在未受到法院判决前一律改称犯罪嫌疑人;抚顺推出了"零口供";有些地方刷有"坦白从宽,抗拒从严"字样的墙壁被画上了山水画等。这从一个侧面昭示了我国司法制度正在进行一场前所未有的变革。

为此,本报记者采访了最高人民检察院民事行政检察厅杨立新厅长。杨厅长认为,从罪犯到犯罪嫌疑人称谓的改变,以及法警背着行动不便的被告人到庭,反映了我国司法体制改革的进程,更重要的是体现了对人的人格的尊重。

《北京青年报》 2000年12月16日

案例分析:

这篇报道的基本构成比较完整。主标题"法警背起生病被告"是一个很生动的画面感标题,法警一般是押着被告的,而这时却是背着的,形成冲突。"背"字是一个动词,形成画面效果。副标题以小见大,将单个故事升级为司法体制改革的重要一幕。

消息头通常为本报讯,或者通用电头某某社某地某月某日某时电(讯)。这里的"本报记者杨永辉、实习记者王雪莲、通讯员吴怡报道"有时也会被放在报道尾部,以说明作者。注意这里的顺序,先是本报记者,然后是实习记者,最后是通讯员。

导语再现了一个生动的故事片段。第一句,说明时间——前天、地点——西城法院、人物——法警和被告、事件——法警背生病的被告上法庭、影响——市民安静。

当读者看了标题后会自动预设几个问题,记者需要回答关键问题。除了导语中的问题外,还有些报道内容需要在随后的几段中完成。第2—5段就是这样的补充导语。

第2段是具体生动的细节(过程)呈现,要注意这里对消息源身份的选择。吴小姐可能是一名律师或某个公司的秘书，但在此处她的核心身份是目击者。当记者不在现场时，需要说明消息源的身份，而每个人都有多个社会角色，需要选择与本事件报道密切相关的那个身份。比如，李连杰捐款，如果他是代表壹基金捐款，他的身份需要注明为壹基金代言人李连杰；如果是他自己捐款，需要注明著名演员李连杰。受众会根据消息源的身份来判断其利益取向，判断其话语的可靠性及可信度。

同时，还要注意这里对动作细节的描述方式。女被告深埋着头，不时地发出啜泣声——没有借助形容词说明女被告是伤心、恐惧、疼痛等原因；法警的额头渗出汗水——没有说法警究竟是因为热的还是急的，或是累的；女被告流出眼泪——没有说她是疼，还是感激的或羞愧的。因为记者或目击者并没有实际证据证明或者直接采访获知，所以不可以随意揣测当事人的心理活动，也不可以作主观判断，只能将现场的人的行为动作关键点再现出来，由读者自己感受和判断。

第3段只有两句话，但解决了受众的关键疑问——为什么法警要背被告？他们有什么特殊关系吗？通过记者对被告的采访可以看出，女被告被背是有客观原因的，她的病令她很难行走，而法警与她并不相识。

通常记者在采访当事人的时候，可能获取素材较多，要注意删减。在这个采访中，很可能女被告会对自己的案子和心情有诸多描述，但要注意围绕主题进行素材选择，一篇报道只能围绕一个主题进行。本篇新闻的主题要求必须围绕法警背被告进行，所以，其他无关枝节必须进行删减处理。

需要注意的是，采访时要找到事件的关键人进行采访。在这个事件当中，关键人有两个——法警和被告。比如火灾报道会涉及更多关键人，记者需要就重要性进行排序，尽量找到核心当事人，如发现火灾第一着火点的当事人、火灾场地的所有者或受害者，更重要的是点火者或火源的追查者。但更多的人往往通过侧面获得信息，如采访救火的消防员，或请公安提供火灾调查结果，以及询问当场围观的人，这就没有触及关键点。

第4段是关于核心当事人法警的采访。受众可能比较关心的是法警为什么会背被告，他当时怎么想的。报道采用直接引语说明了法警没有特别用意，他认为这是自己的职责所在。

还需要注意到的是，这里对老太太动作的描述没有说明她的心理活动，而是具体描述了她的关键动作,把判断的权力留给读者。通常,一个受访者如果没有受过专业训练,他可能就会在描述现场的时候出现问题。比如,在白银连环杀人案中,一位幸存女性在描述杀人嫌犯时,就让罪犯画像师很无奈,因为她的描述是"那人长着一张邪恶的脸"。邪恶如何能被准确地描画?所以,在采访的时候需要和对方沟通,让受访者使用准确的语言进行描述。

第 5 段有始有终,仍旧与主题相关,用事实描述。

一般情况下,一个新闻事件用这五段表达算是比较完整了。但是,优秀的记者还可以继续添加有价值的内容,比如添加背景,让故事更具普遍意义。第 6 段就是如此,通过背景添加,让人们看到这个故事并不是偶然,而是我国司法体制改革的一幕。

很多记者在描述这样的背景时都会采用概括法,如变化一、变化二等,再宏观总结。但是,在新闻写作中要采用有代表性的事实,这就需要找到背景的多个侧面的代表案例,既真实又有说服力。案例 1 采用嫌疑人称谓、山水画、零口供三个事实,三点成一面,形成了较有说服力的背景——中国司法界的确发生了明显变化,表现在多个事例当中。

结尾往往能提升全文的意义价值,但需要注意记者不要自己来总结、概括意义。文中就找到了权威消息源,用他的话语点明这些现象背后的深刻意味——司法改革进程,特别是对人格的尊重。

二、报道的基本要素

新闻报道的基本要素在移动互联时代仍旧需要坚守。这些要素包括真实、准确、恰当溯源、完整、平衡而公正、客观、简洁而重点突出和上乘写作。

1. 真实

是指新闻事件是要真正发生的,它要求记者提供这个事件的相关要素,给受众提供可靠的证据。

一则新闻应该清楚地说明信息来源和可信根据,应该清楚地说明这则报道的重要性和相关性。比如,要明说报道中未得到解答的重要问题;需要核实媒体人如何以及为什么做出报道,过程和原因必须透明;需要有明确的信息表明这个报道经过了没有偏见的检验。因为用户能判断新闻信息中隐藏着的价值观和偏见,去伪存真。

如何做到真实？首先,不得随意添加不存在的东西,永远不要虚构。移动互联时代,某些虚构或合成似乎已经被有所忽视,但重构对白、使用合成的角色、压缩事件以及变换人物生活的时代,这些都属于虚构。其次,不得欺骗受众。不论使用哪种写作手段,只要与一般的目击报告有所不同,受众都有权知道。即便直接引语或间接引语中的用词被替换或为了追求清晰而被删除,都应该给受众一些信号,比如使用省略号或括号。如果出现电视片段重现或者重构新闻工作者没有亲目目击的事件或现场,也要告知,而且仅仅增加一个暧昧的说明是不够的,如"部分采访内容涉及重构"这样的表述就是不够的。哪段采访？如何重构的？这些模糊的披露实际上是在逃避责任。

2. 准确

即所有信息内容都需要精准表达,新闻事件要精准恰当地再现,不能因为载体或用户等因素造成传播不畅,导致误解或表意模糊。

体现在事实中,要求话语表达符合事实,不产生误解或歧义,所有信息在使用前必须得到证实。这就要求记者通过核实和查询文件来验证消息的准确性。因为新闻具有公众属性,媒体要通过准确并透彻的事实报道来赢得用户的信任。如果犯了事实性的错误,或者遗漏了关键信息,影响的就不仅仅是个人信誉,媒体乃至整个新闻界都要为此付出代价。

准确性指标至少有四个。第一要清晰,对所发生的事情没有任何疑问,事实再现可以被理解,受众能领会含义;第二要明确,不可存在谬误或扭曲事实;第三要精确,要达到必要的详细程度,展示足够的细节;第四要相关,与报道的主题或事物相关。

报道中如何做到准确？第一,表达准确——精准地使用文字语言,了解受众的符号理解范围,在共同经验范围内进行话语传达;第二,事实的反复查核——对可能的疑点要一一查核,记者要保留专家提供的线索,以免在某些不熟悉的领域被误导;第三,发布前必须严格校对审查,出现错误要及时更正。

3. 恰当溯源

即记者必须确认他(或她)的信息来源。信息源必须可靠,关键身份背景必须予以说明。要遵守审查信源的基本原则,从多个信源获得信息。

新闻报道中的绝大多数信息应该来自直接采访的交谈或者倾听,而不是阅读文献材料或搜索网络资料。引言的来源要在报道中说明,而不是像学术论文那样通过注释或参考文献说明。直接观察是获取准确信息的最可靠方式。拥有第二手和第三手陈述材料的记者须努力通过查找文件和档案记录来证实自己的材料,如果只能由他人来证实有关信息,记者须检查消息来源的可信度①。

  同时,要谨慎使用匿名信源。移动互联时代,新闻供应渠道大幅增加,信源干扰媒体的手段越来越高明。过去,为信源保密是新闻工作者用来劝诱知情者放心提供消息的手段,但现有含义已有所不同。一些深谙媒体游戏的信源会将交换条件强加于媒体,否则,就不开口。为了保证不受信源控制或者不被匿名信源影响,记者需要在使用匿名信源前问自己几个问题:匿名信源拥有多少该事件的一手信息?该信息对这则新闻非常关键吗?该信息是事实而不是观点或判断吗?该信源的位置是否保证其真的知晓此事——他是目击者吗?是否存在其他说明可信性的指标(多个信源)?如果享受匿名特权的信源误导了记者,则应该公开信源的身份②。

  新闻工作中还有一种特殊的情况——暗访。为了获得新闻,记者可能通过化妆扮成另一种身份,这种情况必须让受众知道你的新闻是通过暗访的方式获得的。国际新闻界对于暗访隐身有个基本的认定:要获得的信息对公众的利益非常重要,以至于这种隐瞒具有合理性;新闻工作者没有其他方法获得新闻,只能使用化妆采访;无论何时,只要新闻工作者通过误导信源的方式获得信息,就必须让受众知晓这一点,并且解释这么做的原因,包括为什么在报道这则新闻时欺骗具有合理性,以及为什么这是获得事实的唯一方式③。这样,既可以让公众自行判断新闻工作者的欺骗是否合理,也可以让新闻工作者向其首要的效忠对象——公众显示其清白。

  4. 完整

  5W1H 是新闻事件完整性的基本构成。报道一个事件时需要保证这些

---

① [美]梅尔文·门彻:《新闻报道与写作》,展江主译,华夏出版社 2004 年版,第33页。

② [美]比尔·科瓦奇、汤姆·罗森斯蒂尔:《新闻的十大基本原则:新闻从业者须知和公众的期待》(中译本第二版),刘海龙、连晓东译,北京大学出版社 2014 年版,第129—130页。

③ 同上书,第115—116页。

要素的基本完整性。

同时,新闻报道要回答受众关注或需要关注的核心问题。移动时代受众多元,新闻不必解答全部受众提出的问题,但负责任的记者需要将关键问题予以解释,而不仅仅是报道和发布自己知道的和方便获取的信息。比如,事件的核心环节、人们质疑点的有效证据或关键细节、事件对公众的可能影响等相关问题。

5. 平衡而公正

平衡并不是一碗水端平,而是要求双方都有说话的机会。美国在两党竞选体制中要求媒体既然报道了共和党,就必须报道民主党。澳大利亚要求媒体在球队赛季期间如果在周日晚上8点报道了一个球队,就必须在下周日晚上8点报道其对手球队,从而达到球队话语的平等性。移动互联时代,中西报道原则混融,格外要注意平衡问题。必须对事件双方都进行采访,以防偏听偏信。

公正并不是充当法官来判断谁对谁错,而是要不偏不倚,不持有立场。这要求记者不能与被报道者之间有利益关系。美国有些证券记者自己不做股票期货,有些时政记者自己不投票,目的就是使自己的身份与被报道者不存在利益瓜葛,以防出现偏向。移动互联时代,中国报道处在全球观看的背景下,特别需要注意报道的公正性。记者要自律,防止与被报道方产生利益瓜葛。

公正要求记者自律,既要对采访的人公正,也要对报道的主题公正;要求记者保持警惕,对一件事不带偏见,诚实、不偏袒;要求记者要勤奋报道,从各个方面叙述一件事,并准确引述当事人的原话,不曲解原意。

6. 客观

即记者不得在报道中注入自己的感情或观点,要求记者采用超然的立场,使用中性词。

要做到客观,就要把客观事实与主观判断分开。对于事件的外部特征、采访对象说过的话、死亡人数、地震震级、发生地点等内容,要做到信息来源确凿、指标客观地清晰说明。如果涉及人的内心精神世界、信仰动机这些容易主观判断的,则需要谨慎,如"9·11"空袭的历史文化因素、白银连环杀人犯的犯罪动机和心理活动等。记者在报道时要注意尽量使用外在可度量、可判断的内容,尽量少使用主观判断。比如,寻找权威消息源来说明动机和原因,当然也需要介绍权威消息源与这个话题的关系。

要做到客观,就要真诚面对受众,尽可能地使自己的调查方法和动机透明、公开,尽可能地披露信源和知晓方法。记者要独立核查信源,不得以寻找真相为名使用欺瞒方式误导信源,还要重视原创性,寻找新的选题视角,不盲目复制,做到有疑勿报,谨慎核对。

客观意味着记者必须克制自己的个人情感,不偏不倚、不带偏见地报道新闻,一切以事实为依据。记者可以通过自己的经验对事情作出分析,但不能把自己的个人观点讲出来。移动时代,记者不仅要注意自己在报道中说了什么,还要注意在自己的个人博客、微博、微信公众号等社交平台上说了什么。

是否做到客观,可以通过报道文稿确认清单来核查。例如,报道的导语是否得到了充分支持?能帮助受众理解新闻的背景材料是否完整?新闻中的所有利害相关者是否都得到确认?是否联系过各方代表并且给予其发言机会?新闻是否偏向某一方或作了难以觉察的价值判断?有些人是否会格外喜欢这篇报道?是否在新闻中对每条信息的出处都进行了标注和查询,以保证其正确无误?这些事实是否足以支持新闻的前提假设?有争议的事实是否得到了多个信源的支持?是否对引语进行过复核,以确保准确并且不会断章取义?是否复核过网址、电话或姓名?在报道中第一次引用人名时是否列出了姓名的全称?是否检查过年龄、住址、职务,以保证它们正确无误?如果是这样,是否在文章旁边注明"所有资料都已订正"?报道中的时间是否包括日期?①

7. 简洁而重点突出

简洁要求开门见山,要求报道内容直奔主题并始终围绕主题,不拖泥带水。这自始至终都是新闻报道的基本要求。在信息海量的当下,为受众节约时间,帮助受众快速获取信息关键点,成为新闻报道的服务责任。尽管网

---

① [美]比尔·科瓦奇、汤姆·罗森斯蒂尔:《新闻的十大基本原则:新闻从业者须知和公众的期待》(中译本第二版),刘海龙、连晓东译,北京大学出版社2014年版,第125—126页。

络空间容量无限,但仍需要媒体提供精简的信息——关键点清晰,段落、句子和字词简单,阅读流畅无障碍。

重点突出要求新闻报道的材料安排根据内容对公众的重要程度排列。移动时代的新闻报道拥有更多细节,但并不意味着字数的增长,而是采用精准、简练的字词并再现画面感,让受众直接感知信息。

8. 报道清楚、直接而有趣

新闻人必须让重大事件变得有趣,并且与受众息息相关。

一些优秀的作品以受众意想不到的方式,通过出色的报道、思考、叙述等,把故事推向传播光谱的中间地带。调查性报道可以揭示丰富的人性,数据新闻也可以讲述一个动人的故事或展示一个生动的场景。新闻人的重要工作就是想方设法使每则新闻中的重要之处都变得生动有趣,使严肃的成分与家长里短的轻松部分以恰当的比例融合于报道中。

要让新闻有吸引力,需要克服很多问题,如仓促、无知、懒惰、公式化、偏见、文化盲点等。好的新闻作品一定要经过扎实而深入的采访,用大量细节和背景把整篇文章整合成一体。写作也要讲究策略,多媒体制作更要学习工具的使用、结构的搭建,多模仿优秀作品,使新闻的可读性向多媒体化、故事化、生动化方向拓展。

时代变迁并没有影响新闻要素的必要性,无论是传统的新闻报道还是互联网新闻报道,或是移动新闻报道,都要遵守新闻的基本报道要素。比较百年美联社新闻与当今移动互联新闻,真实性、准确性、客观性等基本的报道要求未曾变化。无论什么时代,事件必须是真实的,记者仍需核查事件的时间、地点、人物、事件、原因、过程等要素。

随着时代的发展,受众的独立性增强,对信息的核查不再依赖媒体,而是主动收集综合社交、自媒体和专业媒体的复合信息,所以,媒体更应当提供全面完整的信息以获得信赖,也更需要客观、中立、平衡、不添加观点,让受众基于事实进行判断。随着移动用户量的增加和教育水平的提高,新闻的科学性和证据链条要更加清楚。

通过比较还可以看出,一个新闻事件的核心要素依旧是5W1H,随着互联网容量的增加,报道可以通过无限链接将所有的有关信息予以呈现。但是,越是这个时候,信息的关键重点的凸显就越发重要,因为注意力稀缺,媒体必须帮助用户节约时间,否则,就会失去用户黏性。移动设备的便携性创造了新闻随时随地传播的可能,也催生了更多碎片化新闻处理方式的需求,但仍旧不影响新闻原来的基本报道原则,而且这些原则随着时代的变化,要求得更详细、更科学、更生动。

第二节 移动互联时代的新闻价值

新闻价值是指事实中包含的足以构成新闻的种种特殊素质的总和,是新闻满足受众认知客观现实变动情况的需要的属性。新闻价值的实质是对新闻的本质及其特性的量化把握,是新闻工作者选择和衡量新闻事实的客观标准[①]。

移动互联时代,新闻价值从基本的五要素——新鲜、快速、真实、简洁、重要的基础上,逐步增加了接近性、显著性、服务性、参与性、特异性等新要素。移动智能时代,尽管出现了大量多媒体的酷炫制作,但人们终究还是更看重新闻传递的重要价值。

一、新鲜

新鲜性是指为用户提供未曾知晓的内容。很多新闻令人乏味的原因是报道了别人已经知道的东西,不再让人们感到新奇。对记者而言,新鲜是要针对用户需求提供更宽、更广、更深、更新的内容。它要求记者拓展用户视野,帮助用户发现对其重要但可能被无视或忽视的内容或现象。

新鲜性可以包括事实在时间上的接近性和内容上的新鲜性。时差越小,新闻就越新鲜;内容越罕见,新闻就越新鲜。新鲜的视角历来是记者努力的方向,因此,记者要防止传递"显而易见"的内容。

---

① 参见项德生、郑保卫:《新闻学概论》,武汉大学出版社2000年版;王超:《浅议新闻价值的构成及选择要求》,《活力》2004年第6期。

二、快速

新闻的价值首先在于时间维度,时效性是新闻的生命。时效性指新闻传递的及时性。不同时代对不同的媒体(如报纸、杂志、广播、电视等)有着不同的要求,但在发展趋势上,人们对及时性的要求总是越来越高。移动时代要求第一时间发布新闻,使之最快地到达用户。

时效性是新闻最重要的价值要素之一。气象灾难、财经金融、体育比赛、政治竞选等新闻特别重视时效性。各类传媒总是尽其所能地采用一切最先进的手段和方法,力争在第一时间来报道新闻消息,其最快的形式莫过于移动直播。一般而言,事件发生时间与新闻报道的时间差越小,受众未知的范围越大,新闻的价值就越大;反之,则越小。

随着社会各方面条件的发展,人们对新闻的时效性要求越来越高。在印刷时代和20世纪电脑和手机还没普及的年代,人们要想了解最新发生的事,至少得等到杂志、报纸印刷出来;移动网络时代,一个新闻可能在短短几分钟之内就能传遍全球。一方面由于科技水平的发展,另一方面在于媒体竞争激烈。在移动互联时代,移动直播将时间提升到实时。所谓实时,就是报道要与正在发生的新闻事实同步。移动直播时代并非最早的直播,却是全民直播时代的滥觞,人人都可以通过网络快速将目击的事件或证据公之于众。如何充分借助公众目击者或第一现场进行深度整理和专业化再处理,成为记者更重要的工作。

三、真实

传统新闻业务教材中,强调真实是新闻的生命。新闻的真实性既是新闻工作的基本要素,又是我国新闻工作的优良传统。新闻的真实性具体表现在:第一,构成新闻的基本要素必须完全真实(至少要朝这个方向努力);第二,新闻中引用的各种材料要真实可靠;第三,能体现整体上、本质上的真实;第四,新闻与其反映的客观现实必须完全相符;第五,对人、单位、事件的评价要客观;第六,不能脱离新闻来源随意发挥;第七,新闻报道的语言必须准确①。

移动互联时代,新闻的真实性更加重要,要让新闻报道的事件、人物、经过过程等符合事实本身。不能"眼见为实",仅仅满足于现场再现,还要能区分客观真实、主观真实、新闻真实和接受真实的差异性。

四、简洁

新闻价值从最初就强调简洁性,移动智能时代对简洁性的要求更甚。由于信息爆炸,受众可以选择的新闻信息和渠道非常多,因此,对时间的争夺更为严酷。让受众在更短的时间内获得最大的有效信息,成为新闻报道的目标,海量内容的时代更关注如何充分利用用户的碎片化时间。

载体的丰富性和多终端的差异性,也使简洁性在实施上需要有针对性,以应对不同载体运用的差异偏好。比如,2017年的"两会"报道,某网站集中了大量的全景照片和视频。然而,凤凰网却设立了《一分钟看懂"两会"》的栏目,帮助用户更快捷地了解"两会"主要的内容。这一选题对准重大议题,通过短句、关键词等方式直接抓取重点内容,文字简单易懂,更符合海量时代的用户需求。

各大平台的用户接收数据显示,简约精短的图文是资讯获取的最佳方式。今日头条的数据显示,要让用户读完文章,核心就是文章精短。文章长度往往与跳出率成正比,越长越容易跳出,1 000字以内,跳出率为22.1%,平均停留时长48.3秒,内容占比57%;4 000字以上,跳出率为65.8%,平均停留时长95.6秒,内容占比6%。

五、重要性

新闻报道的事实能否在受众中产生影响,是实现新闻价值的基本要素,只有那些重要的、能引起受众注意和兴趣的报道,才称得上是有价值的。在传统媒体当中,新闻事件对于受众的重要性是一个重要的价值指标,而公众

---

① 唐新华:《浅析新闻的真实性原则》,《零陵学院学报》2004年第6期。

号时代,人们公认的"10万+"的最受关注的信息也往往是重要的、突发的、严重的新闻。2016年的巴黎恐怖袭击、中国的二孩政策放开等,对大多数人而言是必读新闻,具有重要性。

新闻重要性的评价可以参考马斯洛的需求层次论,越是涉及生存性的问题、功能性的问题越是刚需,然后是社会性需求和价值需求,最后是自我实现和意义需求。随着中国移动端用户的低龄化和人们生活水平的提高,受众关注的信息的重要性正在从功能性向价值性和意义性转移。

皮尤研究中心卓越新闻项目的新闻调查发现,那些在一分钟以上的新闻,其重要性、创造性、平衡性、权威性方面的水准都很高。关心民生、不过分煽情的新闻不仅收视率高,保持新观众继续收看的能力也胜于质量较差的新闻节目。

六、接近性

新闻报道的内容与受众的需要和品味越接近,就越能吸引受众的兴趣和关注。当然,不同国家、地区、民族、阶层、职业、年龄、团体、性别以及不同文化程度的人,可能会有关于新闻事实的相同兴趣和爱好。大众传媒必须了解和掌握人们对新闻事实的不同需求和兴趣,使自己的报道尽可能地贴近受众,最大限度地满足公众对报道的需要,如此才能实现自己的价值。

接近性是传媒普遍接受的新闻标准,通常包括及时接近、后果接近、地理接近、文化接近和情感接近等。以地理接近为例,第一次世界大战至第二次世界大战期间,报业垄断形成"一城一报",可见用户对于本地新闻的基础诉求。随着海量信息竞争,新闻发布者越来越注重新闻"分区",以便发挥其在本地的作用,让读者了解本地新闻。某些新闻类型更有可能处理位置信息以满足存在的需求,让人们采取行动并使新闻有用。自媒体和公众自发驱动的超本地新闻或博客,如EveryBlock.com,也令本地特色更突出。基于大数据处理的百度新闻用另一种方式聚合和使用本地新闻:通过数据识别,为每一篇新闻都打上地区标签,将这些地区精确到县市和商圈,然后通过对用户地理位置的识别,为用户建立地理位置的标签,将用户的地理位置和新闻的地理位置对应起来,并进行实时推荐。在移动时代,除了定位新闻,拓展动位新闻服务也成为一些媒体的目标①。

七、显著性

新闻事实越引人关注,当事人或相关条件在公众中的知名度就越高,新闻的价值就越大。显著性这一价值要素在移动互联时代越来越受到国内外新闻界的重视。

注意力经济时代,谁能吸引关注,谁就提升了新闻价值。从芙蓉姐姐、凤姐、干露露等新闻现象可以看出,具有辨识度的人、事物或历史、事件,都能提升新闻价值。具有民族记忆的著名历史事件或旧址等的联想可以引发显要性,著名的故事、人物等也能令人产生联想,热点人物、热点事件等更能引发关注。新闻中注意连接或者突出这些显著性的点,都可以提升新闻的价值。

八、冲突性

吸引人进入故事的冲突和戏剧性,往往给新闻带来情感上的拉动力。冲突在新闻故事中往往是重要的关注点。

移动互联时代,相关冲突的话题延续了传统媒介时代的价值点,新时代里有更多的冲突引发着人们的共鸣和关注。除了历来被关注的大型灾难(如地震、火灾、山火、沉船、飞机失事、海啸等),人为灾难(如国际冲突、民族冲突、人际冲突等)也被用户高度关注。

需要注意的是,有些冲突表现在直接的流血死亡上,还有些体现在小人物的矛盾、纠纷等故事上。后者以新闻故事的方式呈现时,依旧能够引发人们的强烈共鸣和关注。比如2017年"刺死辱母者案",引发国人对高利贷问题、伦理问题、执法问题、非法拘禁问题、伤害不当等问题的进一步争议。

---

① 朱炯明:《新闻媒体平台的生态生产模式——以百度新闻平台为例》,《新闻与写作》2015年第1期。

九、特异性

特异性是指新闻事件具有新奇、反常的性质,往往能够引发读者的好奇心。比如,《印度美貌女明星嫁给一棵树!因为发胖被骂》和《80年代的世界奇观》栏目等,都激发了人们的好奇心。

特异性有时呈现为趣味性,一件事未必重要,但可能会引发用户的兴趣,产生消遣或娱乐的效果,仍旧具有价值。

十、参与性

移动自媒体时代,公众有机会、有能力参与新闻生产,也会自觉关注自身的话语表达。新闻制作不再将公众当作被动接受者,而是让公众参与新闻话语,尊重其自主性和独立性,让其成为新闻构成的一部分。比如,在选题中强调多元争议性,激发受众的关注动力和表达欲望,如"应当什么年龄退休"这个话题就很容易激发公众的阅读动力和话语表达愿望,蓝领工人、公务员等不同社会背景的人会对退休年龄有截然不同的期许,都可能踊跃参与阅读、留言、点赞等,积极加入新闻表达。

这种参与性,一方面是新闻生产的过程中让公众直接成为生产者的一分子,或者成为生产过程的一部分。比如,受众积极爆料,主动提供新闻线索;用户自己生产内容和充当PGC的基本信息供方,通过各种渠道记录事实,充实和丰富新闻产品的信息量和现场感。不少交广直播节目中公众一起参与病人救助和道路管理等,这种节目就非常受欢迎。在有关印度洋海啸的报道中,可以看到报纸、电视台吸纳了来自博客、论坛和其他网络机制中的内容。韩国2000年创办的协同性网络媒体OhmyNews将自己定义为"新闻游击组织",除了几十名编辑、记者,还有几万名注册的"公民记者",为该报提供近八成的内容。另一方面,是让公众借助新闻评论、另类编辑、核查事实等方式增加互动性,与媒体共建新闻话语。媒体可以增加用户的留言功能,及时地互动反馈,让公众就重大新闻事件或争议性公共问题进行评论,形成意见互动,达到现实的实际效力;也可以用诸如过滤、分类、排名、链接等新编辑手段带来移动网络特有的互动性;还可以让用户自媒体主动与新闻报道连接,承担相关事实的监督核查责任。

十一、服务性

当自媒体和个人都成为资讯生产者时,媒介竞争的立体化更加激烈。更多媒体可以从服务性上下手调整生态位,不必一定要第一现场、第一时间抢夺有限的焦点事件。有专家预计,未来50%的媒体信息生产是满足服务性。比如,上海胶州路大火,普通人已经将大火现场上传,重要媒体已经到达现场时,其他媒体可以围绕用户在这一事件中自然产生的信息需求予以满足,如胶州路历史、上海火灾历史、本次火灾救助中的不足如何在未来解决等。特别是对于没有接近火灾现场的用户,其心理除了关心火势,也会想到如果自家或单位发生火灾该怎么办?如何预防?胶州路火灾中,有一家三口误用地震躲避方式,三个人藏在卫生间最终被呛死,还有几个工人逃到楼顶,也没能逃生。媒体应当将这些错误的避灾方式告知受众,并传递正确的防火方式和本单位、本地区的火灾风险等,应特别告知用户在相似条件下如何自救和如何检查家中、单位的相关隐藏险情。这类服务在时间上切合热点,在空间上接近用户,更能满足用户的需要。

发现用户,解决媒体供给与用户需求的高度智能匹配,是移动智能时代新闻生产的全新模式。比如,今日头条自身并不生产内容,而是网络抓取内容,自动给每一个抓取的信息贴标签,同时识别每一个用户并给他们贴标签,针对每个用户的个人特性推送个性化的信息。短视频时代,今日头条引入抖音、火山等短视频内容,给广大用户推送他们可能感兴趣的内容,用户可以点赞、留言,更可以关注他们感兴趣的个体头条号,这样就提供了差异化、个性化的服务。

第三节 移动记者的专业素养

美国学者布兰肯希普发现,在美国和世界各地的地方电视新闻机构中,移动新闻记者必须撰写、拍摄和编辑自己的新闻报道。他还发现,移动记者在工作上具有更大的自主性,更少受到机构控制,反而简化了工作程序。但是,他们显然缺少专业化的知识,而且为了在有限的时间和资源下完成任务,他们可能会受到其他专业人士的干扰,特别是公关人员的影响①。新闻从业人员对移动新闻的工作性质和媒介生态的变化认知有限,需要加强对自身专业素养的认识。

一、合格记者的职责

人类永远需要真相,对真相的逼问和挖掘永远需要专业人士。自媒体越来越多,各种声音嘈杂,但一锤定音的时候永远需要专业人士。

"两微一端"瓦解了媒体机构的生产力,却释放了个人生产力。以腾讯新闻和今日头条为代表的网络媒体正在重建媒体生态,其最大特点就是可以反哺媒体个人。随着平台能力的扩大,媒体生态的重建意味着将来会有大量的机构和个人围绕大平台生产内容。媒体人只要不空喊新闻理想,将技能锻炼到位,依然可以依靠提供新闻事实站稳脚跟。

传统媒体时代的记者,其任务主要包括采写新闻、反映情况和通联工作(也就是群众工作,包括联系组织通讯员、处理读者来信来访、征求记者意见、组织开展社会活动等)。进入互联网乃至移动互联网时代,对记者而言,以上的工作任务仍旧在,却从线下扩展到线上。记者不仅要能在接到线索后到达现场采访报道,还要承担核对新闻事实、辟谣降低舆情风险的任务。记者对情况的调查了解不仅包括现实生活,还要包括虚拟环境中的信息监测核查,自媒体环境、社交环境、社群环境等都进入记者调查的视野。群众工作也从线下进入线下线上融合的语境中,比如建设 UPGC 联盟,组织 UGC 专业化提供信息,处理来自不同空间的受众信息,综合运用多种手法、多种工具进行意见征集、组织开展线上线下的各类社会活动、社群活动、新闻游戏等。

移动时代的记者类型更多样化,包括体制内和体制外多层次分类,既延

---

① C. Justin Blankenship, "Losing Their 'MOJO'?" *Journalism Practice*, 2016, 10(8), pp. 1055-1071.

续了传统的角色,也添加了不少新工种。传统的记者分类依旧延续,主要包括专业记者、常驻记者、机动记者、特派记者、特约记者、驻外记者。

移动智能时代诞生了一些新的记者类型,如数据记者、程序员记者和全媒体记者。

数据新闻记者负责日常数据新闻报道,诸如数据可视化、多媒体、融合报道策划、制作和项目管理等工作。一般要求他们有数据思维和描述性统计分析基础,对数据可视化有所了解,会代码编程。数据与新闻的联手让新闻业重新成为一个更有前景的行业。在数据的支持下,记者可以形成一个强有力的观点而不需主观的猜测或摘录别人的话语。在很多传统新闻媒体裁员的今天,掌握数据分析能力的记者已经成为炙手可热的人才。

程序开发人员也加入记者行列,担当新闻产品的技术支持,如各种互动设计开发、各种移动 App 前端维护等工作。澎湃新闻设置"互动"组,为媒介融合作品提供编程、互动方案的解决,为公众号等提供维护工作。

全媒体记者具有突破传统媒体界限的思维并拥有全媒体传播能力,能适应融合背景下媒体岗位的流通与互动,掌握采、写、摄、录、编等技能,集现代设备操作的多种能力于一身。

二、工作中的记者特质

通过观察工作中的记者和对各媒体记者的调研,我们发现在移动互联时代,记者的基本特质有以下 12 项。

第一,工作努力勤奋。移动时代的记者要适应全球化 24 小时实效压力和自媒体占据第一落点的竞争,需要深入基层,增强脚力、眼力、脑力、笔力。

第二,坚韧。一旦发现有重大新闻价值的线索,记者便要穷追不舍。为了向读者和观众提供关于事件的信息,记者在调查事实真相的过程中总是穷追猛打,紧咬不放,遇到问题追问到底。

第三,进取。记者要关注政治局势、社会事态,善于思考并力求准确,学习能力是移动时代非常重要的能力,记者要不断学习,乐于应变,跟上前沿,不断补充知识。

第四,好奇心。记者要跟上时代,对每个领域都有乐于了解的意愿,要发掘个人特质中的好奇心作为动力。

第五，公正。记者在新闻报道中要保持立场中立，不偏不倚，对利益相关的多方都要保证话语权力，使报道完整。

第六，知识渊博。新闻报道是以整个社会的各个领域作为报道对象的，记者只有具备广博的知识，才能在面对复杂社会现象和社会问题时有高度、有深度、有独立见解并切中要害，见微知著地预判形势。这要求记者既是杂家，什么都懂一些，遇到突发事件有足够的能力应对；又是专家，在条线领域线索丰富，交流透彻。

第七，值得信赖。记者和新闻机构的诚信非常重要，虚假新闻可能带来致命灾难。在工作中，同事间的信赖很重要，因为移动时代更需要协作。只有信赖，才能换来消息源的敞开，得到深入的真相。

第八，富有同情心。记者经常要面临职业要求和人性关怀的矛盾性，优秀的记者更应该首先是一个充满关怀的人，所有对事件的报道背后都应该是对人的关心。

第九，勇敢。记者职业有风险性，可能被批评对象刁难、威胁甚至武力侵犯；到灾害发生地或战场采访，随时面临着生与死的考验。这要求记者敢于面对危险处境，任何时刻都保持勇气。

第十，机敏。记者必须具有较强的交际能力，社会活动面广，同各个阶层的人物都有所接触，碰到各种不同的场面都能心平气和，遇到不同的采访对象都能随机应变。

第十一，谦虚谨慎。记者必须对自己的能力保持谦虚，不仅要对所见所闻保持怀疑，也必须对自己了解真相的能力有所反思。避免错误报道的关键正是对个人知识的局限和感知能力的局限表现出训练有素的诚实。

第十二，高效。在纸媒时代的截稿时间压力下，记者工作变得迅速而高效。到了移动智能时代，时间已经变成直播，第一时间播发更需要行动与智慧。

美国某调查机构选择多名专家和教育家，调查他们认为记者未来应具备的核心技能（图2-1）：准确性；好奇心；运用正确语法写作的能力；辨别信息真伪的能力；抗压能力；良好的新闻价值判断能力；熟悉新闻伦理;熟知时事;网络信息搜索能力;采访技巧;流畅叙事的能力;讲故事的能力。

图 2-1 未来记者的核心技能①

除了图中提到的,记者还要具备应对外界批评的能力、社交能力、演讲能力、创新能力、应变能力和极强的学习能力等;熟悉相关的法律法规、社会道德规范、媒介运作规律和商业运作手段等;在技术方面还要能够分析并整合数据,熟悉 HTML 语言或其他计算机语言,掌握拍摄、剪辑视频的技巧,能够综合运用各种手段制作不同类别的可视化新闻等。记者要与时俱进,

---

① Howard I. Finberg and Lauren Klinger, "Core Skills for the Future of Journalism," the Poynter Institute for Media Studies,2014,p. 8.

不断了解受众的期待与需求,在把握新闻原则的基础上,制作出优秀的新闻作品。

三、移动技能提升——全能记者素养

所谓全能记者,是指具备突破传统媒体界限的思维并掌握全媒体传播能力,能适应融合背景下媒体岗位的流通与互动,掌握采、写、摄、录、编、网络技能及现代设备操作技能等多种能力于一身的新闻传媒人才[1]。

全能记者的基础装备有笔、笔记本、手机、相机、录音机、摄像机、手提电脑等,但最关键的是新闻操作手法的改变。全媒体是综合运用文、图、声、光、电的立体展示方式,通过文字、声像、网络、通信等传播手段来传输的一种新的传播形态[2]。全能记者不仅对报纸、杂志、广播、电视、音像等载体样样都能玩得起来,还需要会操弄4G/5G等流媒体技术。

全能记者的基本能力包括:掌握新闻传播基础;熟悉界面设计、网站设计、摄像、编辑、电子排版;具有职业精神、专业素养、业务水准、实务能力;擅长报刊、广电、网络等渠道界面的采写编评;会网页策划、设计制作、专题策划、网络编辑;采编播一体的主持型记者要懂现场处置、仪表、剧本写作、摄像硬件使用、拍摄、剪辑;具备跨岗位能力、跨界合作、跨专业知识、跨媒体技术;等等。

移动记者特别需要在以下方面增强能力:多载体生产,即除了文字采写外,还能在新闻摄影、新闻摄像、数据新闻、可视化、网页制作(PC+移动)、直播、VR/AR、无人机等新闻生产前沿领域有一技之长;多渠道分发,即能够理解和组合报纸、广播、电视、网页、App、微博、微信公众号、微信朋友圈等不同渠道,让分发更到位、更有效;善于交互参与,如公众号回复精选、微博回复等;多信源拓展,多组织诸如政府机构、专家学者、企业行业、公

---

① 参见百度百科,https://baike.baidu.com/item/%E5%85%A8%E5%AA%92%E4%BD%93%E8%AE%B0%E8%80%85/1612298?fr=aladdin,最后浏览日期:2020年7月28日;石本秀、张超、宋玲:《"全能记者"培养模式的探索与反思》,《中国记者》2011年第3期。

② 罗鑫:《什么是"全媒体"》,《中国记者》2010年第3期。

民记者社群、热心粉丝等活动;具有用户分析能力,能够运营大数据,进行科学调查和访问访谈;懂得建构高桥接点,连接舆论领袖和社会网络,接洽论坛版主。

需要注意的是,什么都会不等于样样精通,因此,记者的专业化非常重要,这是高手与匠人的区分。全能记者往往适合在突发新闻或人手不足的场合发挥作用,如某位全能记者报道突发火灾,他需要同时完成文稿、摄影、音频直播和电视直播等多项任务。全能记者可能遇到体力不支(不能按时交稿)、低水平简单重复生产(质量无法保证,角度重复)、单独作战、配合度差等问题①。

全能记者是移动时代的产物,既有传承又有改变。

首先,记者的基本功不变。新闻报道仍然要包含新闻的基本要素:客观、中立、准确、真实、信源可靠、核实确认、现场观察等;仍然要遵循新闻价值判断的标准:真实、新鲜、及时、生动、重要、显著、接近、冲突、特异、参与、服务等;仍需挖掘新闻深度:从事实出发,深度挖掘、调查及解释;仍需遵循职业操守:真实、公正、全面,减少伤害,保持独立性,向受众负责。

其次,在原则不变的基础上,要基于移动时代的特殊性转变一些观念。

第一,从海量丰富到精简优质。在网络时代,要满足人们丰富性、多样性的需求。移动时代进入了信息海量爆炸的状态,用户更希望精简优质的内容,不愿意再浪费时间和精力大海捞针,媒体人需要在网页建设和内容提供方面更精准地切合需要。

第二,从全渠道到差异精准。传统媒体的发布渠道都只限制在自己的渠道,平台时代则为各类内容提供了全渠道分发的可能。但是,因为精力有限、成本太高,移动新闻的分发并不能利用所有渠道进行发放,应该定好目标用户,了解其连接的终端,做到精准投放,有的放矢。

第三,从全媒体到图文+短视频。全媒体生产并不是每个选题或素材都要用各类模态呈现,而是要根据素材和主题需要以及用户连接终端的特征等因素,设计恰当的模态呈现方式。图文和短视频是目前最受欢迎的

---

① 林涛:《给全能记者泼点冷水》,《中国记者》2011年第3期。

模态。

第四，从随时随地到规律精准。在投放时间上，尽管媒体可以做到随时随地投放，但是也需要针对实际情况进行调整。例如，重要的突发事件，可采用快速发布；公众号通常采用统一时间有规律发布，基于用户的作息规律、阅听热门时间，以及根据内容流量特点针对性地分发。上海发布就针对上海市的上班族，每天早晨发新闻，中午发娱乐，下班时间发休闲。

第五，从全能包会到应变学习。全能记者需要的技能非常多，要根据实际情况有针对性地掌握它们。《浙江日报》的渠道主要在报纸网站移动端，记者需要在文字报道的基础上学习图文报道。银川传媒的渠道除了报纸网站移动端，还有广播电视，记者往往在直播、现场主持和视频处理方面需要更多技能和配合。

在移动智能时代，随着技术推进，新的要求层出不穷，媒体人如果追求大而全，会费时费力且狼狈不堪，而万变不离其宗的是学习能力。事实证明，优质的全能记者并不是一上手什么都会，而是善于跟踪前沿，勇于挑战舒适区，热衷尝试跨界，不畏惧新生事物，爱学习、擅学习，面对更新的技术工具技能乐于尝试、乐于合作。

第四节　移动新闻伦理与错误规避

一、遵守伦理规范

1. 尊重隐私

如今，世界上90%的信息是数字形式的，因此，人们能够毫不费力地进行存储、加工、操作和发送。不仅在电脑上浏览互联网时是如此，而且智能手机里的多种传感器也能抓取日期、时间、地理位置，甚至包含从汽车的加速度、行驶方向到大气压强等一切信息。大数据存在隐私被侵犯的可能，这种数字化记忆作为一种全景控制的有效机制，不仅支持了对等级森严的机构和社会的控制，而且还会去寻求对它们自身的支持，从而巩固并加深现有的(不平等的)信息权力支配①。尽管诸多国家都已经制定了相关法律,要求 App 在使用数据时必须获得用户同意,但并不能真正阻止数据被滥用。谷歌、淘宝等大数据可能知道我们的详细生活信息,哪怕是我们已经忘记了很久的细节、被我们大脑当作不相干的东西而丢弃的细节等。可以毫不夸张地说,移动互联网应用对我们的了解比我们自己还多。人们必须有所选择,根据需要选择将哪些方面作为隐私不公开,对私密性、透明度、个性化把握到多大程度。

BBC 在这方面提供了很好的方法,可供借鉴:报道时,应始终需要慎重考虑编辑描述人类灾难和不幸的图像资料是否有正当的理由,在任何情况下展现死刑都是不正当的,而只有在极少的情况下播出人们被杀的场面才是正当的;在任何情况下,尊重隐私和死者尊严都是重要的,媒体绝不应无理由地展示他们,也应避免无理由地使用面部和有严重伤痕的特写镜头以及其他暴力资料。BBC 还规定,使用可以确认身份的悲痛或不幸者照片的任何提议必须提交高级编辑或独立组稿编辑,而且记者不应对受害者采取下列行为:置他们于准备采访的压力之下;以再三打电话、发电子邮件、传递书面消息或敲门的方式骚扰他们;被要求离开时,继续待在他们的领地;尾随其后②。

2. 预防模仿

通信越是先进,人与人的交流就越容易,模仿事件就越可能发生,破窗效应可能就越剧烈。世界卫生组织在 2000 年发布一份报告③,援引多个统计研究表明,自杀故事的报道越详尽,其引发的后续自杀事件就越多,名人自杀和电视报道的效果尤为强烈。例如,清华朱令被投毒案的公开令小学生都能明白重金属具有毒性,造成后来多起网购重金属铊投毒案件的发生。

媒体过度报道,危害重重。2009 年,几个奥地利科学家发表论文论证

---

① 参见[英]维克托·迈尔-舍恩伯格:《删除:大数据取舍之道》,袁杰译,浙江人民出版社 2013 年版。
② 参见张宸:《当代西方新闻报道规范——采编标准及案例精解》,复旦大学出版社 2008 年版,第 181—201 页。
③ Mental and Behacioural Disorders Department of Mental Health World Health Organization, "Preventing Suicide a Resource for Media Professionals," 2000, http://www.who.int/mental_health/media/en/426.pdf,最后浏览日期:2020 年 7 月 28 日。

媒体的自杀报道存在严重偏见,那些先杀人再自杀的事件被过度报道,因为自身的精神原因而自杀的事件却鲜有报道,而事实上是绝大多数自杀者有心理疾病。例如,也许是出于人死为大的潜意识,富士康事件中几乎没有媒体谈论自杀者本人的精神原因和情绪波动,大家一致指责富士康公司,很多媒体或多或少地喜欢把先杀人再自杀的凶手描写成无辜的邻家男孩,夸大他生活的不幸却淡化其本人的精神疾病,这种描写无疑会进一步助长模仿行为①。

因此,需要强调媒体的社会责任,防止过度报道以及公开危险细节,并制定规范。奥地利禁止报道地铁自杀事件以后,地铁自杀事件立即减少75%;美国20多年来校园枪击案此起彼伏,但"9·11"事件之后的一年半内,媒体把注意力全面转向反恐,结果这一年半中只发生了一起校园枪击案,并且没有人员死亡。

3. 尊重版权

手机时代,记者的新闻价值判断存在彼此参考的情况,新闻敏感性也受到了影响,各种新闻客户端的弹窗内容常常出现相似内容,这就是洗稿现象。洗稿的常见方式有两种。第一种是稿件内容保持原封不动,但是媒体几次转载之后去掉了生产者的印记,读者只看见信息,而不知道这些信息是谁生产出来的。这样既不利于激发媒体的原创动力,也不合道德准则。第二种方式是对素材的大幅改编。改编是否合理取决于改编成品是否呈现出对原作者基本的尊重。比如,编译报道时,把原作者的关键信息摘录出来并加上原作者的烙印(如"据路透社报道");或者补上背景信息,使信息更完整,"把原来只能做到60分的信息做到80分",这样既对信息本身有好处,也没有"洗掉"品牌本身的印记。然而,有一些媒体会把原作者的内容用在一个"调性"不一样的地方,这就可能引发争议。

如何保障原创者权益以及如何保护版权是共享复制时代的重要议题。况且,随着移动时代的发展,众生喧哗的自媒体正在走向强者更强的马太效应时代,两成的头部内容往往具有八成影响力。这就需要媒体保证良好、稳定的内容源,开放渠道,为优质作者付费。

---

① 万维钢:《智识分子:做个复杂的现代人》,电子工业出版社2016年版,第14页。

4. 警惕偏见

资讯迭代导致大量短平快信息涌出，引发了浅薄问题。大量自媒体习惯于非此即彼，不假设产生问题的条件和严谨的推理过程，而是根据经验两分法分析，最后得出一些不用探索、质疑和论证就能知道的肤浅结论，甚至某些名人也暴露出对性别、历史、地域等的各种歧视与偏见问题，引发争议。

个性化定制和推荐日益兴盛，媒体需要及时反思并保持警觉。个性化定制令用户不再由编辑的假定主导，但用户未必就不受到更潜在、更有杀伤力的算法主导。无论是腾讯还是今日头条，都非常理性地用数据告诉我们，其实我们并不了解自己。很多受众在接受调研的时候，都说自己喜欢时政、经济、文化等重要的新闻，但实际上在点击中却发现其四成的信息搜索是娱乐，潜意识和现实的差距巨大。个性化新闻可能并没有帮助我们开发出成熟丰富的个性，反而加重我们的弱点，让我们陷入平庸。所以，只有当受众对于自己的需要有高度成熟和全面的认知时，个性化新闻才较当前编辑制度更具优越性。这里必须深度反省几个问题：理想的新闻应该是什么模样？新闻需要关注什么样的深层需求？新闻如何才能以最佳方式充实受众的心灵？

我们无法避免在传播中不带任何偏见，既然偏见不可消除，记者的关键职责就是在报道任何一条新闻的时候都要更加清醒地认识到偏见的存在，并且判断什么时候它们是恰当的和有用的，什么时候它们又是不恰当的，要随时提防和管理自己的偏见。偏见不仅可能出现在自己身上，也可能出现在被访者和受众身上。

偏见管理的方式首先是更系统、更自觉地正确获得事实，强调核实，不要盲目相信自己的良好动机，避免先入为主；其次是尽量透明公开，将居高临下的传达变为平等分享，解释自己的决定常常迫使记者判断甚至重新思考自己的所作所为，而且透明公开，能有效地打消受众对其动机的误解或质疑。

5. 正确抉择

媒体人一直面临多种冲突与抉择[①]：是坚持实事求是还是隐瞒事实真

---

① 赵志立：《重大突发事件报道中的新闻伦理冲突》，《当代传播》2006 年第 6 期。

相？是坚持正确导向还是强调新闻价值？是扶危救难第一还是新闻报道第一？特别是在地震或海啸报道中，记者常常遇到新闻真实与人文关怀的矛盾。例如，新闻史上的经典案例——1994年获普利策奖的摄影作品《饥饿的苏丹》，作者凯文·卡特在拍摄后仅仅轰走秃鹫，并没有及时救助孩子，获奖后被舆论谴责而痛苦自杀。当事记者摄影角色意识很强烈，他懂得用自己的镜头去表达重大新闻事件，但忽视了人文精神。

移动时代，传统价值观与当代现实的伦理矛盾凸显。大存储、大流量和手机摄影即时、轻易，造成隐私界限的模糊。人类伦理的发展远远跟不上技术发展的速度。各国政府对于新闻采集和新闻发表的控制处于法律伦理的边缘地带。道德的软性约束力和信息时代新技术的能力保障让新闻照片的尺度越来越宽松，出现在各种场合的公众人物无一被遗漏。长镜头保证了远距离的偷拍；摄影手机保证了拍摄者在私人场所的畅通无阻；公众人物和新闻摄影记者之间的矛盾不断激化，新闻官司时有发生。与此同时，自我暴露兴起，直播间里的个别网红为了吸引注意力，不惜采用暴露的方式，不少自媒体新闻为了吸引眼球而放任这种暴露行为。媒体人如何树立正确的世界观、价值观和人生观，如何正确选择是极具挑战性的问题。

技术迭代，问题新生。以新闻照片为例，20世纪五六十年代，典型问题是摆拍；90年代，典型问题是偷拍；进入21世纪，典型问题是合成。衡量尺度方面也出现了新争议，如用数字化方式来处理图片就存在分寸争议。2002年，《观察家报》摄影记者施耐德的参赛作品因为经过了电脑加工而被取消资格。他并没有增删或者移动任何元素，而是使用电脑软件做了影调处理，将背景深化，使主体人物更加突出。尴尬随之而来：什么是新闻照片技术层面可以改动的？什么是属于新闻真实本质属性的不可逾越的雷区？媒体选择如何与时代发展同步也是一个不断受到挑战的问题。

二、常见错误

参考近年中国新闻奖评审资料及各媒体示例，移动新闻常见错误有如下几类。

1. 主体事实错误

这种错误包括新闻事实发生的时间、地点、人物、事件和原因方面的错误，也有缺乏新闻事实或者与评论、散文混淆等错误。例如，《省政府首次提起环境公益诉讼》的原文是：2015年11月，中共中央办公厅、国务院办公厅印发《生态环境损害赔偿制度改革试点方案》。这则报道时间有误，该文件是2015年12月3日印发并实施的。

再如，《This is 贵州》申报中国新闻奖"短视频新闻"类别奖项，虽然在内容上描述了贵州在十八大以来的可喜变化，但是作品为说唱歌曲，没有清晰明确的新闻事实，最终未能入选。

2. 文字差错

移动新闻的即时信息传输要求导致传统新闻生产中的原有节奏被打破，要求新闻快速出稿，也导致大量稿件漏洞百出。常见的错误有字词误用（尤其是同音字词误用）、词语搭配不当、词语缩略不当、词语重复、数字单位缺失、数字使用不规范、词句杂糅、标点符号错误等。例如，《曝光假冒伪劣不必非等315》，准确的用法是"3"和"15"之间加"·"，即"3·15"。

3. 常识错误

移动新闻涉及的内容十分广泛，如果记者、编辑在采写和编辑的过程中不具备丰富的知识积累，不注重查阅资料，就容易出现知识性错误。例如，将"车水马龙"写成"车马水龙"，这是对成语的误用。还有电视主播将河南"嵩县"读成了"蒿县"，天气预报中出现"2月30日""2月31日"等。

大河网2013年12月一则消息称"交警与民警相继赶到现场，将打人者控制住"。交警属于公安机关警察的细分警种，与刑警、巡警、特警、网警、户籍警、治安警等并列，民警则是内地对警察的民间通称。上述报道将二者并列并不准确。

4. 专业知识错误

专用术语使用不当或者专业知识错误也较为常见。比如，"侦察"与"侦查"、"罪犯"与"犯罪嫌疑人"、"缓刑"与"缓期执行"、"全国人大"与"全国人民代表大会"等概念的误用。

例如，"我市法院的一名法官在审理一起案件中，不为亲情所动，同审判组的其他干警已到，依法将嫂子家的房屋予以查封，后又将违法撕毁法院封条的嫂子送进派出所"。按照《中华人民共和国民事诉讼法》第四十四条的规定,法官作为案件当事人的亲属,必须主动申请回避,不应参与案件的审理。

5. 逻辑错误

这种错误相较前面的几种显性错误而言属于隐性错误,需要读者认真思考,运用同一、矛盾等逻辑规律,仔细阅读,方能发现其中的错误。

例如,某报《五对双胞胎喜同窗》中描述这些双胞胎"1999年出生上高二"明显是错误的。因为经过推断,9岁的小孩上高二,这样的事实一般是不成立的,后证实他们的出生时间是1991年。

6. 图文不符

图片与文字说明不一致。某报《俄红场阅兵再现"大国雄风"》一文中"重型武器亮相及坦克列队过红场"的两张图片的图注颠倒了。某报《觐见女王谋求"走向共和"》图片说明中的"布朗(右)"被写成"布朗(左)"。

7. 前后矛盾

文稿的信息前后不一致,存在冲突。《河南207名煤矿事故责任者受到严肃处理》的稿件导语中说"河南省各类煤矿2004年全年共发生重大、特大事故18起,死亡81人",最后一段却说"2004年10月20日和11月11日,河南郑煤集团大平煤矿和平顶山市非法小井新生煤矿先后发生特别重大瓦斯爆炸事故,共造成100多人遇难"。81人和100多人的数据差让人奇怪。

8. 题文不符

新闻标题与内文信息不符,如《惠民"靶向药"精准"祛病灶"》[①],然而它的内容实际上是北京市朝阳门居民举办形形色色的读书会。

9. 虚假新闻

移动网络传播的信源的风险导致大量专业媒体机构因为轻信谣言而发布了虚假新闻。近年来被中共中央宣传部点名批评的虚假新闻,大都是专业媒体未经事实核查就转发或虚报的新闻。例如,2014年12月,某报记者王星在未采访当事人家属、单位和医院的情况下,根据河南当地传闻编写了

---

① 参见《惠民"靶向药"精准"祛病灶"》,2019年2月12日,人民网,http://gongyi.people.com.cn/BIG5/n1/2019/0212/c151132-30624069.html。最后浏览日期:2020年7月28日。

《河南平顶山女官员3个月前自杀 官方至今未通报》一文,并在微信公众号"深℃"发布。经查实,该报道关于女官员自杀的内容与事实严重不符,导致虚假新闻传播,王星被报社劝退。

10. 低级内容

由于自媒体泛滥及专业媒体间的激烈竞争,有些媒体探触了道德的底线。有些平台审核不严,导致各种黄色低级内容泛滥,造成恶劣影响。例如,快播等新兴媒体平台由于没有内容审核制度,造成了大量非法、低级的黄色内容泛滥,产生了恶劣影响。今日头条、抖音等平台也因为内容混杂而一度被要求整顿。

例如,《学生爸爸深夜12点微信女老师"睡了吗?"》。这则新闻的标题带有暧昧色彩,实际上是作业太多,孩子晚上12点还没做完,家长在微信群里质疑老师,被老师请出群。新闻标题却隐晦地暗示出另外的含义,诱人阅读。这种低级诱导可能会一时引发点击量,却最终使媒体的公信力下降。

11. 音频、视频错误

音频、视频可能出现声画质量不高的问题。比如,采访的音频不清晰、无关音频插入、音频卡顿等;个别节目主持人的引导能力有待加强,对现场嘉宾表述中出现的问题没有及时纠正;视频出现画面质量缺陷、声画错位、导播调度不合理、字母错误等问题。

在视频中显示"情景再现",即事后补拍的画面,这不符合新闻真实性的原则。其他常见的电视类作品存在的问题还有内容错误、技术性错误、灾难性新闻报道中穿插与节目气氛不符的广告等问题。例如,在2012年12月的一次电视直播中,前一条新闻尚未播完,导播就将画面切回给女主播。在她从容播报下一条新闻时,上一条新闻的声音仍在继续。两条新闻声音重合,时长15秒。随后,这家电视台为此专门发微博致歉。

12. 网络融合错误

由于更新快、空间容量大,作者和编辑对网络作品存在文字口语化、网络化的用语情况,还存在词语搭配不当、语句杂糅、错别字、丢字、落字等问题。此外,还有一些带有其自身特点的错误,如画面显示不全、页面排版、现场音响卡顿等问题。

比如海南某媒体的《三亚下拨 3000 万元建 19 个村级活动场所》一稿，"全市村级组织活动场所建设主要由市委组织部牵头"，复制、粘贴时误将另外一篇报道中的措辞"因贪污和受贿"替代前文中出现的"市委组织部"。该媒体为此在微信公众号特别致歉。

13. 传播方式不当

包括导向不当、违反国际规则、对宗教问题政策不了解、不符合国际传播的规律与要求、与国家外交政策和外宣口径不吻合、落地效果缺乏有说服力的证明、部分作品缺乏人文关怀等问题。

比如广播专题《当百年名笔与红点奖设计师相遇》，后期红点奖被曝出"花钱买奖""抄袭"等负面新闻，对原新闻的公信力造成冲击。

三、改善建议

1. 加强媒介管理

应当多学习、借鉴媒介新时代的各种规章制度。

2019 年新修订的《中国新闻工作者职业道德准则》要求："不摆布采访报道对象"，"坚决反对各种有偿新闻和有偿新闻行为，不利用职业之便谋取不正当利益"。香港摄影记者《新闻从业员专业操守守则》要求："记录真实为首要任务；不得参与设计或导演新闻事件，作夸大和不实的报道"，"谨慎处理血腥图片"，"把对他们的心理影响及伤害减到最低"。

2. 严格审核制度

诸多专业机构认识到专业审核能力的重要性，并认为这是提高媒体公信力的重要措施。为此，审核制度的建设和强化逐渐被重视。

主流媒体坚持三审到五审制度。纸媒、广播、电视在移动时代没有放松审核，即便扩展到各类微博、公众号也是如此。澎湃新闻的稿件仍然是三审制——同事互相审稿、小组负责人审稿、部门负责人审稿，但是审稿效率大为提高，从审稿到发稿最快可以在十几分钟内完成。这主要是因为通过手机移动办公，审稿可以随时随地进行，在新媒体上发稿也相对纸媒更加便利。界面新闻新媒体的把关节奏一般如下：记者初稿到条线总监手里，条线总监一审，分管主编二审，值班主编在值班期间需要对所有稿件负责，有权限修改及改变权重。主编每周轮值一次,时间从早上7:30到晚上11:30。上海发布、共产党员等政府微博、公众号也对审核非常重视,通常采用三审甚至五审制度。

与传统媒体加强信息审核程序同步,诸多新媒体平台也加强了信息审核的力度。比如,喜马拉雅FM成立之初就建立了数千人的审核团队,用来进行音频信息的审核。今日头条尽管采用算法,也无法避免算法带来的弊端,并在2018年启用3 000人的人工审核团队。梨视频则采用逐级审核制度对真实性、政治正确性等进行核查,避免出现低俗色情、偏见谣言、错误政治立场等信息的风险。

3. 加强作风建设

加强媒体人业务素质和工作作风教育,在时效要求苛责的时代仍然十分必要。对词语错误、语法错误、事实性错误、知识性错误、政治性错误等的出现要警惕并及时记录,综合分析出现的原因,及时反省,避免习惯性过错。

在采访和发布过程中,认真核对人名、地名、领导人排序、关键词、重要表述、标点符号、数字、专业术语等容易出错的地方。

在事实调查和出稿过程中,注意题文、题图、转接版、版序、出版日期等是否相符、正确,看其词语、词义和语法方面在语境中是否符合规范、是否使用得当。例如,某报一篇文章讲扬州的琼花如同洛阳的牡丹、郑州的月季一样有名,有诗曰"维扬一枝花,四海无同类"。单从字面上看没有错,但是根据文章内容联系上下文的意思,引用诗句中所指之处应是扬州。因此,"维扬"应是"淮扬"。通过翻查工具书得知,此诗是北宋诗人韩琦为赞扬琼花所写,原文是"淮扬一枝花,四海无同类"。

在采访调查中,要术业有专攻、厚积薄发,遇到新闻事件能准确地判断其新闻价值。比如,通讯《一枝红杏出墙来》讲了一个正在服刑的犯人搞出一项新发明,获得了国家专利和奖励。鼓励犯人学习成才是对的,但文章将犯人喻为"红杏",而且又是"出"的监狱之墙,并不妥当。

警惕错误、不恰当的方式或态度,要善于运用求异和逆向思维。比如,某媒体报道某单位门口出现弃婴,于是单位领导开会商议,为该婴儿出医疗养育费用,鼓励员工轮流养育。运用求异和逆向思维就会产生一连串的问号:那位32岁的农民轮换工抱走弃婴,他是否符合抱养条件?若不符合,是否又有悖于计划生育政策？

4. 启动事实核查

移动互联让信息传播变得快速且简单，却不能保证所传播的信息真实可信。后真相时代，客观性事实远不如情感和信念更能影响公共舆论。社交媒体和自媒体时代谣言纷飞，假新闻泛滥，甚至形成产业链。对记者"主动性"的要求和考验大大提高了。在自媒体时代，信息的传递速度加快，记者"抢新闻"的压力更大，这也导致了许多媒体记者疏于双重检查，稿件中出现硬伤性质的错误。流言往往被当成事实报道，迭代新闻让"反转"频繁出现，碎片化的即时报道让受众被碎片真实干扰，这些都亟须专业的记者深入核实，完整呈现事实经过，降低谣言干扰。

事实核查成为新闻生产环节的一部分，一些媒体建立了专门的事实核查部门。美国《时代》周刊首创了核查的独立部门，编辑对记者操作过程再次审核。香港《明镜》周刊档案部设置了专家型核查——博士核查员，负责查验消息源，同时承担专业稿件咨询，并关注媒体偏见。此外，还出现了以 Storyful 为代表的 UGC 核查，以及以 PolitiFact 为代表的政治核查等新类型。

2009 年，普利策新闻奖"全国新闻报道奖"颁发给《圣彼得堡时报》的 PolitiFact。PolitiFact 成立于 2007 年 4 月，针对总统大选的各项情况进行核查，并于 2009 年 1 月扩大为对议员和白宫成员进行事实调查。2009 年 1 月，PolitiFact 设立了 Obameter，专门对奥巴马总统的竞选承诺进行跟踪。另外，PolitiFact 还设立了 Truth‐O‐Meter，对候选人、当选人、政治党派、利益团体、学者、脱口秀主持人的陈述进行核实。

5. 承担社会责任

时下媒体刊播的报道，不乏平庸作品，这些大多是事件叙述和材料罗列，缺乏思想观点的提炼和富有见地的分析，受众通过事件并没有看到本质，也未能产生高远的舆论效应。

一个负责任的记者应懂得把事件放在特定的社会背景中来思考，并发现其原因和结果的重要性。这意味着记者不仅要熟练掌握采访报道的技巧，还要扩展对人的理解，对所处文化和社会的理解有洞见、有认知、有创意、有反省。

有温度就是对人有悲悯关怀。有温度的新闻才有感召力和感染力,使受众能够产生思想共鸣,体会到社会关切,得到精神激励和满足。在报道一些重大灾难性事件时要把握分寸,不要用血腥、刺激的画面哗众取宠,既要尊重死者,也要考虑到大多数读者,尤其是未成年读者的感受。

　　写有责任心的报道。"新闻媒体有责任创造一个和谐的舆论环境。记者首先应在法律和道德规范下活动,严格遵守业界自律",让读者认同你的报道。"媒体的良心和灵魂在于它的道德感、它的勇气、它的诚实、它的博爱……"媒体有责任展现向上的东西,给人带来力量,让读者欣赏你的报道。"试着从现场人的角度来思考这些事件",灾难及其他非正常性新闻的报道不应是灾情的展览、感官的刺激,而应当具有人文品格[①]。

　　美联社的调查报道《渔民奴隶产的海鲜食品》荣获 2016 年普利策奖的公共服务奖。该报道揭示东南亚渔业界的惊人惨况,最终令数以千计的渔民奴隶获释。美联社 4 名女记者初步报道东南亚渔业的黑暗惨况后,花了 1 年多的时间继续追查。她们到印度尼西亚本吉纳岛记录被囚渔民被锁死在铁笼里遭虐打及强逼出海捕鱼的一幕,又用卫星技术追踪载有渔民奴隶渔获的货船,发现船只将货物运往泰国处理并再运送。经过访问、搜集情报及船运记录等,她们发现这批货物会运往美国批发,再送至一些大型超市及连锁餐厅。报道公开后,最终令超过 2 000 名渔民奴隶获得解放。值得赞誉的是,记者深知自己手里有一条会令人震撼的新闻,却冒着被他人抢先报道的危险,延迟公开,从而保证了渔民们的生命安全。

[①] 参见[美]梅尔文·门彻:《新闻报道与写作》,展江主译,华夏出版社 2003 年版;杨肇修:《记者需要更多的社会良知和责任》,2007 年 12 月 14 日,新浪博客,http://blog.sina.com.cn/s/blog_487d902d01007v5b.html,最后浏览日期:2020 年 7 月 28 日。

第三章

让移动采访更到位

要将移动新闻的采访完成,需要培养新闻敏感,拓展新闻线索,扩展新闻信息源,更新采访技巧,升级采访工具。

第一节 新闻敏感与发现

发现新闻既有偶然性,更有必然性,这需要记者平时积累经验,有意识地培育、拓展消息来源。

一、培养发现新闻的能力

新闻发现指能够找到有价值的新闻的能力。通过对当下记者的调研访谈,笔者发现以下途径有助于提高新闻发现的能力。

第一,广泛阅读是找到好新闻的重要方式,如阅读小报、杂志、期刊、新闻网站和博客、微信公众号等。浏览主要信息来源发现潜在新闻,比如政府网站公告、新出的调研报告、当地新闻等,还可以通过比较发现新意。移动时代,各种网络资讯丰富多样,不少社交媒体暴露出的新闻苗头可以进行深度挖掘,制作第二落点新闻。

多阅读新闻、留言板,达到公众新闻感受水平和认知层次,广大受众的信息感受是新闻记者判断新闻的主要依据。多读新闻,积累到一定程度就能与公众的新闻感知语境和体验接近,遇到一个事件或一个报道就能判断这样的事件对于当下的公众而言是不是有趣,他们已经知道了什么,从哪些角度才是新鲜的、有价值的。多看留言板,特别是排在前列的留言板,对校准写作的感知非常有帮助。

多读新闻精品,提高鉴别水平。新闻精品中集中了诸多精华,如美联社新闻佳作、普利策奖获奖新闻品鉴、各地的新闻获奖作品等,都有助于记者拓展思路,找到创意。

第二,全面熟悉采访对象,具有内行的眼光。在任何报道任务中都需要充分准备,对采访对象有充分的了解,这样才能在采访中平等对话,理解对方语言背后的含义,获得采访对象的信任和尊重,最终才可能得到深入、到位的内容。谢冕教授曾说起最讨厌没有准备的记者,比如,有人一见面就问他"请问,什么是诗歌",这样的底子来采访怎么可能与专家对话?怎么可能深入?陈平原教授也曾谈起,日本记者在采访他的时候远比国内记者准备得充分,每次采访前都有多次沟通。

第三,做个有心人,主动找新闻,多向培养消息源。要做到腿勤、耳勤、眼勤、口勤、手勤、脑勤,时时观察、分析、研究、记录,养成积累思想、线索、材料的习惯。记者要关注社会线索,每日看官网信息、重要人物行程表等;提早部署线索,做"时间轴",留意相关人员在朋友圈或微博上发布的内容。在公共线索中,可以关注政府公示、拍卖公告、分类等信息,所属条线的重点关注对象还有公共资源交易中心网站(政府所有招投标记录)、政府部门网站,以及相关的报道,思考如何落地以及二次挖掘。记者应保有好奇心,注意观察生活和周围。

第四,善于记录,善于整理。记者平时要善于记录,关注新近发生的事物、现象,受众可能受到影响的新问题、新矛盾。有所思,有所想,要及时记录,遇到相关事件或话题就容易调取记忆和思考。在信息爆炸的时代,信息积累需要条理,记者要善于分门别类地归档、建库。例如,《天下足球》制作团队之所以受人欢迎,就与编导朱晓雨(体育记者、足球解说员)善于专业积累和储存知识分不开:节目制作素材的专业化积累(纵向积累)把足球赛事中可能涉及的视频资源切成重要的片段来编码储存,按年度赛季以联赛为单位把赛程视频剪辑储存;以个人球星为单位,把其职业生涯里绿茵场上的高光时刻剪辑编码存储;以各类大赛年份为单位(欧冠、欧洲杯、世界杯

移动新闻实务教程

等)把每一届赛期以关键片段作为编码储存;建立历史资料库,从2000年开始往上溯源编码;横向记忆+纵向记忆细化成子科目再编码储存。

第五,社交渠道可以提供新的素材获取路径。传统媒体记者寻找采访对象往往会通过"中间人"。这个"中间人"可能是这个行业的从业人员,也可能是跑这一条线的同行。移动时代的很多社交媒体能够帮助记者更快地找到采访对象,无论目击者还是事件的相关人都可能在网上找到,如贴吧、微博、微信等,只要是跟信息源结合起来的都可以利用,甚至有些选题也可以来自社交媒体(如微博热门话题),记者可以在这些话题中通过私信博主联系当事人。

第六,追踪媒体数据可能带来新闻发现。比如,《华盛顿邮报》的某位编辑有一天发现以前发布的一篇旧新闻突然访问量大增,他奇怪人们为何突然都涌过来阅读这篇新闻,于是派出两名记者快速跟进,结果发现即将过期的 iOS 测试版、未予解释的自动更新失败以及瘫痪的激活服务器迫使苹果手机用户纷纷选择了降级,一篇切合热点的新闻就此诞生了。

记者应善用大数据挖掘新闻内容,各种数据库都能提供相当有效的信息。如知乎、各种网址导航、各种信息核查公开库、各种数据来源、各种素材库等。很多企业数据也能够折射一些公共话题,如第一财经的记者通过挂号网上的医院信息,看到中国医疗资源的分布特点,发现中国医疗资源明显集中在长三角、西安及北京周边,这些传统意义上经济相对发达的区域也是优势医疗资源最集中的地方,可见中国医疗资源覆盖的偏倚对个体的就医行为的帮助有限,这样的发现催生了不错的新闻选题。很多商业领域的数据源能够提供生动的新闻选题,如2016年夏天,很多微信公众号推荐"魔都"冰激凌店,鱼龙混杂,第一财经记者就利用大众点评网收集冰激凌店的数据,以一个小的公式综合了环境、口味等指标,找到了上海综合实力最好的店,然后分享给大家。对于一些公共数据,可能普通人接触不多,但其实隐藏着很多可服务大众的需求,比如 PM2.5 的数据。现在很多人都热衷于跑步,但什么时间适合户外跑步呢?陈中小路团队把数据调出来之后,发现不同城市在不同季节有不同情况,于是策划了数据新闻,一张图告诉生活在北京、上海、广州、沈阳和成都的人们,一天24小时里哪个时段相对来说适合户外运动。

二、拓展信息源

记者主要依赖三类消息来源获得信息：人、物、在线信息。人的消息来源包括当局者和新闻事件的参与者，他们的可信度低于物的可信度，因为一些人需要保护个人利益，另一些人则是未经过专门训练的观察者。在使用人的消息来源时，记者需找到最有资格发言的人——某个问题的权威者、目击者、官员、参与者。物的消息来源包括记录、文件、参考资料、剪报。在线消息来源包括大量人的消息来源和物的消息来源，从院士到政府数据库应有尽有①。

记者平时要关心与培养新闻源。消息来源一般喜欢态度友善的记者，所以，记者要时时对人保持友善。记者需要记住每个人的姓名，包括门卫在内，因为你永远不知道什么时候他们中的某个人会向你提供一条好消息；适度地向人们寻求帮助，告诉人们你对他们正在做的事情感兴趣，要求他们如果事情有后续发展就及时打电话给你；帮助每天偶遇的人理解什么是新闻，有技巧地教导他们，让他们领会记者的需求和兴趣，一旦他们发现线索，就会乐于联系记者爆料；还要善于倾听，即便与自己的报道无关也要耐心倾听，这样一方面可以了解人，另一方面可以建立沟通和信任关系②。

记者应与消息来源建立起有利于获得信息的关系。美国著名媒体人库珀在1993年波黑内战爆发时到萨拉热窝。当时战争处于白热化阶段，萨拉热窝被认为是"世界上最危险的地方"。库珀最初一直穿着防弹衣，几天后却再也不穿了，因为在一群没有保护措施的波西维亚人中，把自己安全地包裹起来是不合适的。库珀说："没有防弹背心，我感到微风吹过我的胸脯，我感到与别人的亲近，我感到了与他们同样的恐惧。"

记者还要测试新闻源的可信度。包括：① 查阅记录，即该消息来源过去是否提供了正确的信息；② 可确定性，即该消息来源能否提供信息的其他证人的姓名或文件；③ 接近性，即该消息来源是否处于它所传播事实的

---

① 〔美〕梅尔文·门彻：《新闻报道与写作》，展江主译，华夏出版社2003年版，第337页。
② 同上书，第334页。

位置;④ 动机,即该消息来源是否有动机提供合理材料;⑤ 考察上下文,即该信息是否与事实相符;⑥ 可信性,即该消息来源是否稳定,是否处于记者控制之下①。

关于新闻源的使用,在可能的情况下,记者应尽量进行直接观察。如果有必要运用二手叙述,记者就要寻找可能找到的最佳人物消息来源,并以物证为支持。记者了解人的消息来源和物的消息来源可能存在不足之处,因此,他们会去证实信息的真实性。

三、培养新闻敏感性

新闻敏感是新闻工作者迅速、准确地识别新闻事实、判断新闻价值的能力,也是记者对社会形势的敏锐洞察力,以及对报道对象迅速而准确的反应能力。

新闻敏感性的主要衡量指标有:迅速判断某一新闻事实对当前工作的指导意义;判断某个事件是否可能引起读者兴趣;在同一新闻事件的诸多事实中,判断哪个最重要、哪个价值最大;通过一般现象挖掘出隐藏的有价值的新闻事实;预见有可能出现的新闻;等等②。

新闻敏感的基本要义在于,对潜在于旧秩序内或刚刚涌现出来的新秩序的敏感性;对特定社会及特定情境的重要性有敏锐的感受能力;表达方式的敏感性,即可以找到适当的表达方式将自己感受到的重要性呈现给大众③。

如何增强新闻敏感?发现有价值的新闻事件,需要记者认真学习党的路线、方针、政策,了解国家政治、经济、社会生活的基本趋势;树立全局观念和大局观念,善于从更高的角度看问题;深入调研,熟悉基础情况;不断扩充知识储备;不断总结经验。此外,还要增强责任感、使命感,责任感越强,触

---

① [美]梅尔文·门彻:《新闻报道与写作》,展江主译,华夏出版社2003年版,第346页。

② 刘海贵:《中国新闻采访写作教程》,复旦大学出版社2008年版,第138—146页。

③ 汪丁丁:《何谓"新闻敏感性"》,2011年11月14日,财新网,http://magazine.caixin.com/2011-11-11/100325252.html,最后浏览日期:2020年7月28日。

发新闻敏感的机会越多,产生的动力就越大。

针对同一新闻事件的报道如何脱颖而出？这需要记者有独到的眼光和有高度、有格局的见识,有超越大众的深刻思考,能找到创意选题。比如,吴晓波频道从普通商人中挖掘"新匠人"选题,源自吴晓波的思想高度和把握大势的能力。这种敏感性还需要记者在现场采访中展开丰富的联想——故事＋深度＋扩散。比如,一名男子在工地上出了事故,记者在获取这一线索后,要展开可以拓展的深度联想,思考挖掘线索的可能性,发散思维,考虑如城乡二元结构、世界工厂、产业转移、三农问题、留守儿童、春运、计划生育、城市化等多种可能性,这样就能让故事穿透表层,产生更广的连接和更深的共鸣。

对于专业领域而言,更需要记者深入其中,了解得越多,越能敏锐地感知风吹草动中的动向。条线记者可以从自身领域与大众利益的结合点找到关键,并深入学习掌握动向。比如,经济领域中关于劳动、土地、住房、自然资源、货币、汇率、收入分配、教育及人力资本等方面的公共政策；公共卫生领域中关于医保、医院、医疗等关键性服务的公共政策；社会领域中有关生育、抚养、家庭问题、底层社会、文化遗产、绿色运动、非政府组织的政治权利等。记者应建构起各领域的认知地图。

了解所在专业行业领域的关键知识树,掌握核心命脉对记者而言也十分必要。以一个区域社会记者为例,他可以建构的知识树[①]包括：各级教育部门及其下属单位的职能分工；主要领导的职业背景、性格、爱好、业务分工；教育界主要的优秀人才、名师名家,了解其人才培养模式及晋升渠道；学校的梯队、层次以及各校的教育特色；幼儿园、小学、初中、高中、大学等不同层次教育机构的招生政策,中高考考试制度等教育政策；考试的隐形规则,如奥赛保送制度、提前招收制度；高校招生制度,如北大、清华招生、抢生的内部信息；学校活动、考试等各种活动的周期、规律、固定动作；信息来源点,知道可以从哪里获得什么样的信息；等等。

在信息海洋当中,记者只有对信息保持高度的辨别灵敏度,才能在搜索时提炼出精华。多点鼠标是对的,但不能只点鼠标,搜索还需要更多实地、

---

① 张新彤：《社会新闻记者》(内部参考资料)。

亲身的访查,才能真正地达到搜索的目的。

四、拓展报道面向

新闻线索是新闻记者获取新闻的路径和渠道,拓展新闻线索可以有多个面向。

第一,找到没有广泛传播的新鲜事实。比如中央电视台的一个选题——"寻找最美乡村医生",从基层的乡村医生故事讲起,挖掘普通基层的小故事。选题"神童到中年"关注的是中国科技大学少年班中那些曾经被众人羡慕,诸多父母渴望孩子成为的榜样现在如何?记者追溯当年少年班的风云人物,发现过早地教育孩子未必就是天才养成术。这些都是被挖掘出来的大众感兴趣的故事。

第二,发现社会问题,澄清众说纷纭的真相。在谣言四起的移动时代,记者要有核查事实的勇气和能力,帮助公众及时了解真相,消除误解,解决困难,避免损害。媒体越是及时查明真相,越能帮助公众避免损失。如"公安微博危机公关十小时"就是针对人们对办案警车的误解,公安及时发布微博澄清谣言,制止了恶性围堵,澄清了公安的名誉。

第三,提炼解决当前困难和社会矛盾的新经验。以往的数据表明,人们最爱看的电视节目是法制报道,比如《今日说法》。这种报道不仅呈现出一个个精彩的案例,还在于受众通过观看受到了教育,懂得了警戒,知道平时应该注意什么问题。举例而言,在货架上如果有假货或者仿货,售卖者不说是真货,是不是就没有过错?答案是否定的。汉川的新规定是,只要有假货就必须说明,否则都算欺骗。这样的规定出台,自然对公众有诸多益处,将其报道出来,也对各地消费者的权利维护是个推动和样板。

第四,捕捉新思想,揭示观念上的新变化,比如获奖新闻《利益面前 干部退一步》。这篇报道抓住一次单位中的利益分配——要求所有领导干部必须退后,让群众先选先分,然后才轮到领导干部。这显然是个新气象。又如"学生老板 Style"——当下的学生已经不仅是学生一种身份了,在校园里的他们同时可能承包了一个电脑柜台,打造一个网站,经营一个网店,做代购,甚至做投资。记者应当挖掘这些年轻的学生与传统观念上的老板有哪些不一样的样貌和哪些不一样的气质,并力求从中折射出时代动因。

第五,表现典型人物,展现新形象。例如"修鞋匠发明家"——这个修鞋匠看起来很平常,老实淳朴,就在复旦大学图书馆的马路边上,守着一个修鞋摊。但有一天学生发现,他面前的那个绿色铁皮柜并不是买的,而是他自己的发明,实际上他自己的发明专利就有四五项之多。

第六,发现新动向,预测新趋势。例如"剩女带来的商机"——人人都在议论"剩女"的时代,记者却发现了单身时代到来的商机。随着房价高涨,婚姻法以财产为导向,使得当下诸多年轻人都选择了"佛系"生活,单身生活方式导致单身经济需求的上升。一个单身女性如何买到有安全保障、面积不大、装修符合审美且负担得起的房子?家用电器能不能从家庭为主的功能设计转为以个人为主的功能设计?单身旅游如何能获得旅行社的青睐和定制?任何一对夫妻都可能面对衰老后只剩下一个人的境遇,单身老人如何获得有效的产品支持和服务支持?这些都是值得深入探究的问题。

移动时代的新闻线索拓展延续了传统新闻线索的共性,诸如新闻线索核心,重要的新闻价值、典型的报道对象和可行的报道主题的交叉带,以及现实性、服务性与创造性的结合。记者可以以独家创意为目标,探索各种主客观途径,拓展创意等的可能性。比如,采用跳跃联想、聚焦特定主题、逆向批判思考等主观途径,将新闻事件通过属性、关系、结构、功能、过程、历史、系统等多种新形态进行再现;对报道对象进行描述、预测、追溯、理解、解释、应用不同深度层次的挖掘;等等。

同时,移动时代新闻线索更可以开辟未知未明的领域,记者可以找到新关系、新领域和新方式进行拓展。首先,借助新主体进行线索拓展,将专业记者为主要拓展主体拓展为业余主体或民间主体为主的线索拓展,比如上海电视台的《人间世》就是先请内地民间团队驻守各大医院抓拍素材线索,再由专业团队进行后期主题拉升,这种非专业或半专业的前期线索搜集不仅增加了素材量,更开拓出民间视角,发动了广泛的群众基础。其次,借助新渠道进行线索拓展。比如利用社交媒体,如微博、博客、论坛、贴吧等,聚焦特定的明星、企业家、大V等天然具有显著性的报道对象,利用新渠道的交互性生成新话题和新故事。移动时代可以从互动性、社交性等新维度找到可能,诸如在留言区、社交群发现新闻,发现用户需求,通过用户反馈进行新闻拓展。再次,移动时代的新闻线索形式也可以更丰富,比如开发传感器数据、手机数据等新的线索形式,直接借助计算机、人工智能等方式搜索到人所不能赋予的新型线索形态,并用可视化等新方式构建故事。最后,要拓展出切合移动网民新生活形态和新需求的线索内容。比如基于场景的特殊性和变化性找到不同环境中和不同关系与需求下的特定新闻故事,提供给场景中的用户以新鲜的新闻体验。可以从垂直视角关注小众需求和特异需求,寻找有别于以往专业媒体的大众或公众服务的一致化线索,体现出独特性。

第二节 移动新闻的采访方式

一、采访要点

1. 第一时间、第一现场

即便是自媒体时代,有大量的目击者提供素材,最快到达现场仍旧是记者采访的要件。只有第一时间到达,才可能不会错过重要证据和证人;只有到达第一现场,才可能抓取到最真切生动的画面和相关线索。

第一时间、第一现场在突发新闻当中极为重要。获取第一手准确真实的资料,然后再做报道。以一场突发火灾为例:烈火升腾——第一现场;火起之后人员疏散以及自发救火——第二现场;消防车、救护车赶到并实施救援——第三现场;伤员在医院就医,火灾清理完毕——第四现场。在采访中,从第四现场到第一现场呈金字塔形状,所处的层级越高,新闻价值越大。

2. 现场采访

采访有很多方式,最重要的是面对面采访、观察。移动互联时代,面谈为首,视频为辅,微信可以打先锋。间接访问尽管在取得某些资料上具有快速、经济的优点,但收获毕竟有限,只能作为辅助,记者还是应当强调有深度的直接访问,包括个人谈话和各种类型的座谈会。

面访可以直接观察,了解更多场景细节及对方语音、表情、衣着、身体语言等内容,甚至可以采用碰撞方式,比如反问、质疑等,这样会引起被访人的思考，找更多的理由去说服他时，彼此间就有了互动。但是，在电话中，可能两三句话就被对方搪塞了。对主要采访对象而言，当面采访可以长时间集中、深度地交流。

微信是一个碎片化沟通的工具，但不是一个深度交流的工具。向一些保持联系的采访对象咨询短平快的信息时，微信是最方便的联络工具。记者可以用微信与采访对象进行前期沟通，先聊一聊，再决定要不要做接下来的采访。真正进入采访环节后，最好面谈，行不通再打电话。微信还可以用来配合采访，比如为远程采访对象提供图片和文件，但在强调即时性和突发性的稿件中，不建议用这种方式。

3. 关键人

要找到新闻事件的关键人进行采访，而不是随便找一个配合采访的人。选择原则是接近性，如关系接近、时间接近、空间接近等。

在被采访对象的选择方面也有一个金字塔顺序。以某处位于大厦5楼的咖啡厅着火致死事件的报道为例，找到纵火者进行采访是最佳，处于塔尖位置；其次是现场目击者，比如咖啡厅的重要员工或在现场的咖啡厅老板；再次是消防、医院、政府职能工作人员和死者家属等；然后是当时在5楼喝咖啡的顾客或咖啡厅员工；再然后是事发时在大楼上班的人，最好是4楼或6楼的上班族；最后才是大街上的围观目击者。有个别新人可能会找路人采访其感受，他们是最不重要的采访对象。

总之，从金字塔底到塔顶是不重要的目标采访者到重要的目标采访者的基本排序。采访对象的位置对新闻报道的价值有相当大的影响，特别是做独家采访时。因此，记者需要想尽办法找到重要的采访对象。例如，2007年，广州增城一织布厂厂房房顶坍塌，当时十几个人在厂里工作，幸好有高耸的织布机顶住，使得大部分人得以逃生。全城媒体记者都采访了当场的伤者、目击者，并在事故现场徘徊，但是都没能采访到工厂老板。显然，工厂老板是金字塔顶上的采访对象，他既在现场，又了解房屋结构，并可能知道事故原因。怎么联系他呢？有位记者当时想，珠三角的工厂通常会在工厂周围打广告招员工，于是他围着厂房周围寻找，果然找到了这个厂的招工广告，通过上面的电话独家采访到被警方带走配合调查的工厂老板。

找到好新闻的关键在于找到合适的新闻人物，通过具体人物来讲故事。

不同人物会说出不同的故事,要让那些掌握核心事实,同时说话方式、谈话背景及举止外貌都有趣的人成为表达的主人公,特别是在特写和人物访谈中。

4. 观察

观察是指用感官去注意、反映被访者及其周边的社会现象的过程。采访的观察是一种有目的、有计划的观察,是为了获取原始资料而进行的观察。原始资料的可靠程度就在于记者观察事物的细致性、全面性和科学性。在实际的采访过程中,访问总是与观察同时进行的。

为给一篇报道收集充分、可靠的相关信息,记者的观察必须是在知道受众对什么感兴趣、什么对他们有影响、他们需要知道什么的基础之上。在采访早期为报道确定一个主题,并寻找事件具有戏剧性、不寻常和独特的方面,这些因素会将该事件与其他类似事件区分开来。

在一些报道中,记者运用不同观察方法时需酌情选择。间接观察是指利用别人对那些已经发生的社会事件的记录,比如历史资料。史料往往由于时代变化、背景不同或者记录者的立场和认识差异而出现误解或差错。因此,对待史料不要轻易相信,需要反复核查,它是在什么历史情况下记录的,有没有谬误,是哪一版本等。目录学、文献学、版本学等知识可以辅助加强记者的敏感性。直接观察是指对现实的、正在发生的社会现象的观察与记录。这种观察表面上看起来偏误较少,但是仍需要自问这种方法可靠不可靠。参与观察是指记者参与要观察的事件、关系、团体和过程的观察方法。这要求记者放得下、进得去、出得来,放下记者的架子,与被访者平等地交流才能获得信任,既要进入场景,亲自体验被访者的行为和情感,又必须最终从情境中脱离出来,进行符合客观事实的记录和描述。

5. 谨慎

不能凭被访者的口头承诺就认为可以保证资料的真实性,记者要多动脑筋想一想,进行逻辑分析。比如,有些人遇到记者可能会虚报自己的收入、文化程度;有些人出于自我保护不讲是非;有些人担心影响自己的利益而回避利害问题;有些官方介绍只报喜不报忧;等等。访问中记者需要观察人们在各种情境下的不同反应,即察言观色。比如有的下属在上级在的时候说好话,在其离开后又说反话,哪个是真、哪个是假,需要记者依据情境辨析。总之,采访者的身份、行为在一定程度上影响着事件的真实性,采访者必须了解自己扮演的角色。

6. 善于心理突破

在收集事实的过程中,时间总是有限的,找到一个有利的角度来观察事件也非易事,消息来源可能会不合作,因此,态度、交互、融入就是心理突破的入口。

首先是态度。采访者在实际采访中各个阶段的实际行动和表现不是能完全控制的。采访是否成功,关键在于采访者的采访心态,敢不敢实事求是,敢不敢坚持客观中立,能否与被访者建立信任的合作关系,都离不开认真的态度。访问的基础是与被访者建立信任关系,让对方乐于开诚布公。

其次是交互。采访对象面对的是活生生的人,处于一定的时间和空间,有自身文化背景、社会关系结构、人生阅历经验的人。采访者的立足点在哪里、态度是否诚恳,被访者也要了解清楚才能配合回答问题。当记者要采访一个受访对象时,对方也同时要调查你,然后再决定是否接受采访。这个交互过程很微妙,一旦对方觉得记者没有诚意或者对自己不利或有威胁,或会对自己的社会生活带来损害,他们就不愿意被靠近,不愿意说真心话。所以,采访调查不仅仅是直面客观事实,还要做好人际工作,既要谦虚诚恳,又要能信任共赢。

最后是融入。首先要融入气场,不能让现场的人觉得你格格不入,产生畏惧或者怀疑心理,要让人们有信任感,愿意敞开心扉。记者可以用同乡、同龄、相似经历等方式打开隔阂。同时,不要与媒体同行在一起,避免被当事人误会或者担心。避免目中无人,不要用高高在上的语调或行为,以免产生隔阂。记者应有意识地寻找特殊手段,比如利用网络和114查询,或在现场有目的地寻找线索,以及委托特定人士采访等。采访要人性化,善于共情,不能冷漠。记者不是中性的调研人,而是要能够换位思考,理解当事人的感受。

7. 第一落点,第一疑点,第一视角

首先,成稿的时候记者必须考虑报道不是面面俱到的,而是应选对主题。即便是有关农民工的话题,也不是将联想扩散的内容都放进成稿,而应挑选最有价值、最新颖、最有影响力的主题,当然,这个主题与这个事件也应是最切合的。

其次，找到第一疑点。从受众视角质疑和反思，找到相应的证据，呈现相应的细节或者提出相应的疑问，满足用户需要，解决新闻报道的真实性和准确性问题。

最后，要有自己的独家素材和独特视角，同一个事件不同的采访角度和挖掘路径会产生不一样的观看方式和认知效果，因此，记者要有思想觉悟，善于找到新颖、深刻、独到的见解，让受众能够从一般中见惊奇。

二、采访过程

参考经典采访教程以及移动时代的媒体人经验[①]，移动新闻采访过程如下。

1. 事先准备

准备调研报道所需要回答的基本问题的答案。除了5W1H外，还可以准备"那又如何""然后呢"等问题，也就是注重解释新闻的重要性和其带来的影响，提醒读者持续关注事件的发展，促使读者寻找更多相关的新闻。

让自己熟悉尽可能多的背景。向专家、相关熟悉的行家请教，尽可能搜集与选题相关的文献资料，对别人已有的报道和调查进行认真分析，并从中借鉴。记者还可以挖出同一时间的其他相关报道，有针对性地搜集相关内容，提高自己的认知水平。准备越多，能做的就越多，要尽可能地去占有采访对象的材料。以人物采访为例，记者需要找到与被采访对象有关的所有资料、数据，判别哪些有价值，并多向度查阅采访对象的相关专著、自传作品等。手机社交媒体时代，记者很容易通过各种社交网站上的海量信息了解采访对象，因此，对采访对象进行前期的背景调查变得更加方便，但同时也带来更大的工作量。当记者展露出自己对采访对象的高认识程度时，对方

---

① 参见伍小峰：《一张报纸，一个灵魂——〈南方周末〉站在一个新的平台》，2016年4月17日，象象影视，http://www.xiangxiangmedia.com/forum.php?mod=viewthread&tid=3459&page=1，最后浏览日期2020年7月27日；[美]肯·梅茨勒：《创造性的采访》，李丽颖译，中国人民大学出版社2010年版；张新彤：《社会新闻记者》（内部参考资料）。

也会回馈更多的信任。

此外,记者还需要做好预备和防备工作:仔细研究相应的文件和法规,提前咨询部门、业内人士要注意的问题,以避免雷区;任何采访都要保留录音、照片、文字材料等证据;对于监督报道,最好有公证员、律师护驾,全程录制视频;对于危险报道,要寻求警方、同事配合掩护,携带自卫器具等。闾丘露薇在每次战地报道前都充分考虑可能遇到的困难,提前预防。去阿富汗时,她预备了干粮和睡袋;去喀布尔时,她担心没有卫星传送服务,就把行李最少化,带了满箱的卫星传送设备,还自备了一台小发电机。可是,她到了现场发现还是不够周密——没带手携式卫星电话,只要离开住处,就没法与外界联络。

2. 拟订采访提纲

提前拟好提纲非常重要,可以明确任务,抓住重点,提高效率。

采访提纲主要解决以下几个问题:明确报道思路;落实新闻线索,确定采访对象;收集并分析与采访对象有关的背景资料;制订采访计划。

以人物报道为例。提纲的拟订可以基于采访对象已有的材料,针对性地细化或者换视角深入,根据新闻的基本价值要素,有意识地突出矛盾冲突点,在遵循真实性原则的前提下,针对读者好奇和关注的部分倾斜,而且可以设想采访场景,对采访提纲进行构思。同时,要注意采访者和被采访者的动机往往不同,被采访者希望张扬对自己有利的部分,而记者更多地要满足读者的信息期待,诸如冲突点、矛盾和隐秘细节等,这些往往是采访对象不乐于揭示的,因此,采访提纲的设计有助于强调主题,帮助记者不至于在无形中被带偏。

3. 联系采访对象

通常来说,采访对象可以分成不同类型。有的见报,有的不见报,但不见报的对象不一定不重要。从时间角度可以分成临时性访问对象、经常性访问对象(通讯员);从获取新闻角度可以分成事实访问对象、意见访问对象等。除了多样性,选择访问对象的标准有其共性,那就是可靠性、代表性、权威性。采访对象要真实可信,具有典型性,在相关领域有一定的权威信用,这都有助于记者获得有效、不冗余的信息。

连接采访对象有时需要付出很大努力,记者平时既要备有丰富的通讯录,要人脉广阔,也要有耐心,可以通过发短信、写邮件、打电话、托朋友说明采访意图等,直到对方给你机会。当遇到突发事件时,关键人物被所有媒体争抢,记者拥有的能力和资源就非常重要。《法制日报》记者崔丽是唯一采访到马加爵的记者,她就是凭借10年法制条线积累的人脉,争取到了最高人民法院的许可,在行刑前24小时与马加爵对话1小时,得到了独家材料。

非常时期进行约请往往要通过种种关系找到采访对象。可以在网上查好对方的资料,如他之前的职业履历、生活经历、工作单位,也可以找他以前的同事打听,如果能够通过业界或朋友拿到他们的联系方式就直接打电话联系。如果行不通的话,就按照公司或机构的正常流程,找宣传部或公关部要传真号码。这个过程可能比较慢,但很有必要,而且在核实的过程中要给对方一些说话的时间。记者采访不到第一主角时,还可以采访周边的人,如员工、熟悉他的人。有的采访对象给的时间非常短,如果他发现你的采访对他很有价值,自然会延长,可以从10分钟扩展为1小时。实际上,记者的采访对于敏感人物或者热点人物来说是个发声的好机会,媒体给他们提供了一个平台来澄清或者辩解,记者可以利用这个机会去说服对方接受采访。

4. 面访过程

采访之初,要给采访对象留下好印象。记者应提前到达,养足精神,衣着得体。见面前,先列下要问的问题并合理安排整场采访。有些记者会深入研究话题,甚至预先演练问答过程。

记者要力求建立轻松和谐的采访氛围。第一个问题要建立信任,亲近关系。用一点时间聊轻松的话题,比如回顾童年,过去的愉悦会让对方放下不安全感,后面就可能讲出原本不愿意讲的故事。

采访中要逐渐深入,询问事件进行的细节,这样的素材有助于新闻的生动真实,有现场感,而且不容易引起采访对象的提防,记者在无形之中可以探得更深。深入到一定程度后记者可以尝试提出敏感问题,但要有技巧,不能让被采访者摸透底细,最好让对方感觉自己早已明了一切,仅仅是来求证。此外,要善于智斗,发觉被采访者存在隐瞒或者疏漏时,应及时刺激矫正或者进行反问,激发对方自辩,在争议中暴露矛盾,引出新证据和新事实。这种交锋会令话题更激烈,有冲突性价值,更吸引读者。

很多被访对象会有说出实话后没有安全感的顾虑,记者需要适度安抚,共情共鸣,让对方知道发自内心的坦白不会被伤害。这属于提出敏感问题后的情感恢复。

结束时,记者可以总结本次采访,或者做一些关闭笔记本电脑、索要照片等举动,让对方知道采访结束,顺其自然地完成采访。

语言只能传递有限的信息,记者应随时注意观察对方的神情,避免因记笔记而耽误重要信息的获取。采访时间最好控制在 90 分钟内,超过这个时间则会令大家疲惫。采访的经验是锻炼出来的,这里要提醒一下,移动时代的采访工具主要还是录音装备和笔记本电脑,但如果同时开启语音识别应用,可能会有助于后期的整理。

部分媒体还需要记者同时进行多媒体素材的获取,这时就需要记者身兼数职。采访前先连线架好机器,打好光,开好麦克风。事先与受访者约定规则,注意走位等,边直播或录制视频,边举麦采访。遇到重要情况时,要录音频或者拍照等。

5. 谈话艺术

第一,在面对面交流时,记者在开场要迅速接近受访对象,找到共同点、接近点,以便顺利开头。

第二,转入正题应迅速,要求明确、交底清楚。表明自己的记者身份,说明采访的目的,向那些不习惯被采访的人说明采访的材料将会在报道中被使用,交代记者的"底",甚至亮出自己的观点。告诉消息来源采访会花费多少时间,通常采访时间越短越好。

第三,提问措辞要简洁直接,直达关键,这样才能得到对方诚实的回答。有的提问者比较啰唆,会让被问者走神或者连绵思考,抓不住重点。

记者问问题的通常顺序是基本问题—关键问题—困难问题。提问时,开放式问题(不能获得简单"是"或"否"答案的问题)往往能获得较详细的答案。比如,"关于……你怎么看?"用"怎样""何时""何地""何故"来提问,往往能激励对方给出全部信息。在需要简短回答的时候,偶尔也可以使用闭合式问题,比如,"你关于……是不是在说谎?"

提问方式有很多技巧,既可以正面提问、侧面提问、反问,也可以激问、设问、追问。例如,希望相关部门对一件事快速介入时,有些报道如此措辞:"网络关注度很高,三小时微博浏览几万人,再不给个说法市民以为你们不作为";"市领导很重视,特意督促记者了解此事";"如果在 5 点前,你们还不回复,那么我只能在报纸上写'在 5 点前,该部门依然没有对此事作出回应'"。记者要懂得如何追问,比如索要例子,"能举个例子吗","能打个比喻吗"等。

第四,向消息来源提出的问题应是其有能力回答的具体问题,给消息来源以充裕的时间回答问题,要求消息来源阐释清楚复杂或含糊的回答。如果采访对象要求或者怀疑关键材料的用语措辞,复述回答,此时如果公众有权知晓情况,则应坚持消息来源对问题的回答。避免告诫、劝说消息来源或与之争论,在行业人面前不要不懂装懂,应谦虚询问求教。细节处不懂时,可以直接提问,并明确相关的规章制度。核实事实,用同一事件当事人 A/B/C 的采访内容相互比对印证。

第五,倾听是对对方的一种尊重,从采访对象讲述的内容中可以找出感人的故事和细节,找出可以继续交流的、读者关注的话题。

第六,随机应变。不管事先采访提纲准备得多么充分,真正采访时总会发现很多出乎意料的内容。这时,就需要记者随机应变,抓住对方回答中的新线索、新疑点,继续提问。在暗访中可能还需要演技,比如有记者和同事扮演一对离婚夫妻去民政局婚姻登记室,目的是调查该区民政局违规将离婚拍照、离婚协议书等业务外包给一家私人企业,收取高昂费用。他们假装在调解室吵架,借机取得关键证据。

第七,尊重并信服受访者。只有当受访者真正接纳采访者的时候,调查采访才可能持续。优秀的媒体人要建立信任,具有一定的威信必不可少,而这种威信一部分来自整个联系沟通过程中被采访对象的观察判断,也来自以往行为给他留下的印象。在柴静专访卢安克的报道中,曾出现过这样一幕:一个留守儿童非常喜欢柴静,主动为她劈柴取暖。可拍摄团队为提高照明条件几次加火让孩子敏感起来,后来便不再愿意配合。卢安克事后解释这个孩子的心理时说:"后来他发现你是有目的的,……他就觉得你没有百分之百地把自己交给他,他就不愿意接受你。"

6. 整理

首先,整理录音。手机采访的信息可以通过语音识别技术直接转成文字。录音整理过程中,可以发现大量被记忆忽略的信息,有助于记者回顾采访过程,唤醒现场记忆,发现一些弦外之音。

其次,遵守道德伦理和法律法规。有些事记者应该知道,但不必说出来。记者在采访前应该先学习相应的法律法规,同时遵守专业底线,不做假新闻,不在新闻里举假例子,不编撰内容,不假公济私。

最后,核查。有时候采访对象可能会挖坑埋雷,这时记者就需要找帮手,如公安、专业人士等。例如,林春平宣称收购了美国大西洋银行,但实际上只是收购了美国新汇丰联邦财团公司。《温州都市报》分别与特拉华州银行监管专员署、美国联邦存款保险公司、美国华盛顿大学法学院、美国 IRS(税务局)等取得联系,随后更是意外地收到特拉华州州务卿的官方回函,证实它"不是,从来就不是一家金融机构"。

7. 提炼主题

首先,寻找主题。通过整理采访录音的过程逐渐探寻报道的主题方向,尝试用具体明确的新闻标题来概括,再慢慢地压缩成有显著价值点的短标题。如果出现多个主题,记者则需要把几个好的主题的共性找出来,在这个基础上再提炼一个主题。每 500 字内容以一个小标题来概括,大规模地删除与主题无关的内容。

其次,确定主题。文稿没有明确的主题,就没有写作的必要。倘若本次采访素材显示出多个主题,作者就要尝试提炼多个主题的共性,发现背后的真正主题,或者分析哪些故事需要加强,哪些需要削弱,调整出一个明确、具体又有显著新闻价值的主题。

最后,一篇新闻究竟需要写几个故事,往往由主题决定。一般来说,一篇长新闻有 4—6 个故事就足够了。

8. 写作

记者将采访得来的对话素材变成故事时可以借鉴戏剧中的"三一律",尝试突出新闻事件的起承转合,让新闻故事有一个矛盾冲突和剧烈转折,借助场景和动作让新闻鲜活起来,让读者身临其境,能生动地体验新闻事件的 5W1H。借助细节凸显故事,优秀的记者往往会为了新闻故事的细节多花几倍的精力去采集丰富的信息。

最初写作新闻的人往往会混淆文体,常见的就是开头描写景观,结尾总结感慨。实际上,新闻写作特别要注意遣词造句,用现场描述而不是虚构想象,更不能发表议论。如果需要提升意义或者深度解释,可以请第三方——专家或权威来表达。当事人的话要引用在关键之处,无须直接采用对话体,这样的写法重点不突出,浪费读者时间。如果记者有很多心理活动或启示和思考,可以另外写手记或社交文,切记不要将采访过程详细记录在文稿中。

在遣词造句方面,写故事时要注意扣题,将与主题无关的材料减掉,选择生动、明确的细节再现故事。深入浅出,用简单句替代长难句,让文稿有节奏感、旋律感,不能因为新闻的快节奏就放弃文稿可能带给阅读者的愉悦感受。精简是移动时代的新闻写作特色,应尽可能删减一切冗余信息。记者应注意文章的标题要醒目生动,要花时间来设计好的标题。文章的开头决定了阅读量,因此,如何开个生动的头以吸引读者观看也是一种能力。记者修改文章时要用心,找到方法把文稿变成可见可行的步骤,逐步推进,多方位思考,多找人阅读提意见,尽量改善,慢工出细活,新闻作为大众作品要尽量让更多人喜闻乐见。

第三节 实用工具运用与信息数据处理

一、工具利用

工具会影响人的思维。人类与动物的最大区别就在于其能够创造工具并使用工具。移动智能时代的典型优势就是智能手机引领下的先进技术,使由之而来的大量新型技术工具方便了人们的生活,解放了生产者,也令移动时代的新闻生产具备了新的助力。掌握新的采访工具更便于记者在时空维度加快报道速度,扩展报道面,接近采访者,传播更多信息。

新工具的一次次发明和信息载体的一步步升级,令新闻报道从二维的准确客观时代进入三维的多样动态时代。在文字时代,新闻由点、线、面构成,故事人物和世界的再现都必须通过第二信号语言概括转化。在电子时代,音频、视频拓展了感官通道,令信息交互渠道增加了许多,虽然载体依旧是二维线性的,但信息可以具象重现。在网络时代,媒介融合竭力找到多维连接的可能性,但由于二维载体限制导致了天花板升维。到了3D时代,可以仿真实现三维,但仅仅是三维线性载体,适宜静止或线性的表达具象。新闻随着这些人类认知与再现技术的迭代而不断扩维。因此,寻找并学习新的工具,在实践中了解工具逻辑就显得尤为重要。

1. 如何找到新工具

一种路径是在产品应用集成网站当中寻找。比如,在百度"更多产品"中可以看到百度的大量工具,有搜索服务、社区服务、导航服务、游戏娱乐、移动服务、站长和开发者服务、软件工具等,琳琅满目。如果是手机用户,则可以尝试安卓的应用商店或苹果的 Apple Store。

可以通过网上的工具总结帖或者栏目进行了解。比如,搜索"数据可视化最好用的 20 个免费工具""中小学教育 App 排行榜"。有些栏目或节目也特设此类内容,比如喜马拉雅 FM 就有《易效能》节目,每天用 5 分钟介绍一款小应用。

还可以通过一些素材站或者工具站来直接获取。比如,华军软件园、第 1PPT 等网站,找到对应的素材或工具;中国站长站也有大量的资源和程序分享,还有一群专业网络人驻站讨论和分享;一些导航网站也直接提供相关链接,如 Hao123。

应用类排行榜也是较好的推荐路径。比如,新榜、Maigoo、盖得排行以及移动猎豹等不少网站或 App 提供的各种工具应用排行。Alexa 就是基于 IE 浏览数据对全球网站进行排名的专门网站。

2. 如何学习新工具

第一,公开学习最简单易行。例如,网易云课堂集中了大量互联网实用课程;TED 演讲集中了关于思想、技术、艺术的短视频讲座;网易的各种公开课集中了来自哈佛大学、耶鲁大学等名校名师的讲座;还有 MOOC、各种视频平台提供的相应服务;豆瓣读书也提供了有关各类读书、电影等的推荐和评价。

第二,自我摸索值得提倡。例如,中国站长站有大量的站长"协助黑客",免费分享资源;腾讯课堂、网易大学、我要自学网等大量网站提供了关于电脑办公、平面设计、影视动画、网页设计等各种类型的视频课程。

第三,购买课程可以补充。淘宝、京东等平台不仅可以买东西,还可以购买服务,如法律咨询、翻译、软件安装、配音、剪辑等;亚马逊、京东等平台也可以购买专业书、电子书,还有智能推荐。

第四,定制学习。除了搜索引擎之外,还可以通过关键词定制来获得资讯。比如,一点资讯就可以通过定制关键词来进行长期推送;也有一些聚合网站将人们感兴趣的网站信息集中推送;还有一些节目,如《吴晓波频道》、罗振宇的《罗辑思维》等,通过开通会员制为用户提供特定网络课程;还可以通过关注一些出色的公众号,定期获得推送,定向学习。

第五,交互学习。可以加入学习社交群、粉丝群,互相促进学习;还可以通过关注一些高手的微博、博客,加入 LinkedIn 等方式与恰当的学习对象联系,进一步去学习和探讨。

3. 熟练掌握多种工具

用于移动新闻的工具类型多样,建议记者至少掌握常用手机功能、移动采访设备、辅助小工具、各种多媒体制作应用等多个方面的技巧。

(1) 常用手机功能。移动报道可以直接借助手机的照相机、麦克风、传感器、传输等功能进行。

手机自带相机功能,可以拍摄图片和视频,自然会有相片和视频的存储功能和查看功能,具有接收外源图片和视频的功能。这些图片和视频可以通过微信、短信、邮件或其他传输方式(如用蓝牙)来传输。手机具有识别功能,内置的软件和应用可以使摄像头识别人物、面部甚至手势,还可以激活内容,比如二维码识别软件、电子支付,甚至包括增强显示技术(简称 AR)。

手机的麦克风可用来处理声音和指令数据。除了作为视频的必备元素外,麦克风还具有一些特色功能,如语音识别、关键词搜索、文本转换语音或者语音转换文本等。麦克风能用于录音和储存语音文本,并且这些语音文本也可以转存或者提交给媒体,以直接进行素材交换。

移动手机主要依靠数字化来模拟物理空间,陀螺仪传感器负责及时传感手机指令,一些视频平台利用这一技术进行短视频的竖屏播放,还有些平台利用此功能进行自动的界面适配和调整,提高用户体验感。算法公司则深入了解用户习惯,根据用户需求提供更适宜的内容和形式。智能手机大都有多个传感器用于互动,如点击、打字、拨打电话、摇一摇等。

手机可以通过设置 Wi-Fi、4G/5G 等方式连接网络,下载邮箱、微信、微博等各类工具,保证信息的即时传输。

（2）移动采访设施装备。为了方便媒体记者灵活反应，各大媒体都为记者准备了突发采访包，包括以下几方面的设备：日用品——如背包、地图册、冲锋衣、水等；采访工具——一般包括录音笔、手机、摄影机、照相机等；辅助装备——电池、三脚架等。澎湃新闻为记者准备了360度理光全景相机，为拍摄全景照片服务。

各大媒体在内网联动之外，还设置了许多移动端交互软件。记者在外可以直接通过移动端口进入生产系统，进行提交素材、讨论主题、审核通关、发布多端的操作。此外，还有些媒体移动系统设置了社交地图，可以直接连接现场记者，查看记者在外的状况，通过GPS实时了解他们的行踪，统一调配。

谷歌新闻实验室（Google News Lab）立足于技术与媒介的交叉点，尝试着通过提供开放的数据、便捷的搜索与核验工具以及一系列创新性的新闻项目等，帮助新闻机构与从业者更好地适应以公民参与和目击媒体为标志的信息超载时代。可以通过三种途径实现技术与媒介交叉点上的创新：首先，要确保新闻工作者能更方便地使用其搜索引擎、地图、视频平台等工具辅助报道；其次，希望新闻记者和编辑都能够更好地利用谷歌的实时搜索数据；最后，希望能够促进新闻工作者与企业的合作项目，从而给媒体行业创造更多机会①。

（3）其他应用工具。除了机构专门的系统工具，还有大量的软件或App被媒体圈较多地应用。

① 地图类。如高德地图、谷歌地图、百度地图等。

② 社交类。如钉钉，用于编辑部内容管理交流；微信，最广泛的社群交流工具。采访工具也发生了变化：视频聊天成为采访对象比较容易接受且同行也熟悉的采访工具，微信、WhatsApp等聊天工具的盛行替代了QQ、邮件的沟通。

③ 发布类。如微博、微信朋友圈、微信公众号等，它们都是应用最广泛的发布工具。此外，在多渠道终端组合的时代，各大平台号、各类新旧工具

---

① 黄雅兰、陈昌凤：《谷歌新闻实验室帮助记者应对信息超载》，2016年2月24日，记者网，https://www.jzwcom.com/jzw/f4/12939.html，最后浏览日期：2020年7月28日。

都被大量使用。

④ 编辑类。如公众号修图工具、音视频剪辑工具、可视化工具、大数据工具等；转化类工具，如PP匠，可以直接把制作好的PPT上传，一键转化成H5直接输出，高度还原转化所有的效果。

⑤ 识别类。如讯飞输入法，可以直接借助语音进行文字转换；涂书笔记，可以文字识别。

⑥ 平台类。直播类平台，如红点直播、映客、YY；音频类平台，如喜马拉雅FM、阿基米德；写作类平台，如简书，文章可以先在简书上写好，便于随后转发到各个平台，界面干净、简洁、无干扰，并能自动排版。

(4) 协助工具。移动时代有不少小工具可以协助记者提升传播效果，特别有助于互动，常见的小工具包括按钮、对话框、弹出窗口、下拉菜单等。通常分为三类。

① 附属部件。这些独立程序不需要外部支撑就可以运作，如钟表、计时器、计算器、日历等。

② 应用部件。它们通过添加一个相对简单且通常为只读格式的界面来增强应用程序，如通讯录。

③ 信息部件。它们用来处理互联网上的数据，允许用户监视外部事件。如天气、飞行转改或者股票价格，航旅纵横App就能提醒记者飞机的准确起落时间。

(5) 事实核查工具。谣言纷飞的自媒体时代，事实核查工具也浮出水面。可推荐的相关辅助工具有：TweetDeck、即刻，可用于社交媒体监控；Excel，可用于建立可信消息源表；谷歌、YouTube等，可以按照时间排序，找到事件的起源、出处；谷歌 Reverse Image Search、TinEye，可查找照片；Fotoforensics、Jeffrey's Exif Viewer，可查找图片元数据；Geofeedia、Ban.jo、Echosec，可根据地理位置监控社交媒体；WikiMapia、谷歌地球（Google Earth）、谷歌 Terrain View、谷歌街景（Google Street View）、WolframAlpha，可查找图片、视频中的地理位置信息；Snopes，可识别社交媒体上的恶作剧；Cache、Wayback Machine，可找回被删除的网页；等等。

(6) 多媒体制作工具。当下更有大量的实用多媒体制作工具争奇斗艳。需要注意的是，这些工具在移动时代迭代很快，所以需要时常了解新工具更迭。以下为推荐给学生应用、掌握的有效工具。

① 音频剪辑工具。手机端可以尝试易录 App，专业工具建议使用 AU。如果要做主播，可以试试喜马拉雅 FM。

② 视频剪辑工具。手机端建议使用快剪辑 App，半专业适合使用绘声绘影 App，专业剪辑可用软件 Premier。

③ 动画制作工具。专业制作可用 AE，简洁一点的可以使用新版 PPT，可以录屏、加视频、生成动画。

可视化工具非常多，此处仅列举一二。动态图推荐 Echarts，可以直接填写成图，也可以免费下载程序复制到网页上；PPT 特有的 SmartArt 几乎涵盖了所有事物之间的关系，结合技巧（如秋叶 PPT 技法）可以生成非常多的图表或动画；地图汇可以通过填表迅速生成一幅地图；图悦（www.picdata.cn）可以迅速进行免费的词频计算和可视化显示；镝数聚（www.dydata.io）可以进行数据查找和快速制作各类交互图表。

④ 网页制作工具。PC 端制作网页应用最多的是 WordPress（cn.wordpress.org），5 分钟即可建成一个站；最流行的是 H5，可以 PC 端与移动端适配；手机短页面简单制作可使用应用 MAKA 设计，复杂一点可以尝试百度 H5（h5.bce.baidu.com），内含很多模板。

⑤ 笔记记录工具。最流行的应用是印象笔记，可用于音频、视频、文字等多媒体笔记，可记录时间、地点、名称；涂书笔记是一款文字识别的笔记 App；有道云笔记则是一款可以即时收藏、同步更新的云笔记。

⑥ 电子书工具。有两款 App 值得推荐，美篇和简书，可以配图、配乐，分享流量，具有打赏功能。

⑦ 图片制作工具。手机端可使用各种美颜相机，有滤镜、可剪辑，如美图秀秀 App；专业软件有 PS 等。

二、信息搜索甄别

网络搜索是移动智能时代记者信息搜索的基本能力。信息搜索的基本要求是质量要高，借助多个搜索引擎（百度、谷歌等），善用关键词，数量要充足，在时间允许的前提下尽可能多地搜索整理并充分查阅相关资料。记者要去采访一个人的时候，首先应在各大搜索引擎上检索一遍，搜索的网页越多，得到的东西就越多，甚至会有一些出乎意料的小细节突然呈现。参考网络经验分享方法如下①。

搜索时首先明确要搜什么，如果一开始只能确定大致方向而未明确研究范围，可以从五个方面深挖：对象、时间、地点、事件、因素。

通过查找资料，寻求有关事件的解决方案。可以采用简化的 2W1H 法则：是什么（what），包括受访者生平大事记之类的人物资料，以及行业介绍、发展历史等资料，事件的来龙去脉等；为什么（why），包括评论、分析、利害关系、优缺点、重要性等；怎么做（how），包括过程、经验总结、相关案例等。

当需要深度评论或者解析的时候，需要快速全面和深刻地掌握一项知识或者一个人物，这时可以从横向与纵向两个方面进行。横向方面，当你想了解一个行业或人物的时候，需要查看这些内容：客观发展的脉络和历史（文献综述），名人的评价、媒体的评价，这个行业或人物所涉及的所有领域，其他花边新闻。纵向方面，根据横向的内容进行深挖：客观发展脉络和历史（文献综述）；大致时间轴、大事记、重要节点、转折点、导火索、最终事件等；历史名人评价——正面评价、负面评价，以及这个名人的话语权重，与这个行业或人物有无交集，发生过什么交叉事件（起因、结果如何），为什么会作出这样的评价，其他人的分析和八卦等；媒体的评价——正面评价、负面评价，以及媒体在业内的话语权重，媒体与行业或人物有无交集，发生过什么交叉事件（起因、结果如何），为什么会作出这样的评价，其他人的分析和八卦，等等。总之，精彩的评述和研究都需要深挖，蜻蜓点水般的搜索方式不能让记者有任何出彩的地方和突破。

1. 甄别资料

网上搜索出来的资料良莠不齐，甄别至关重要。所谓甄别，就是对搜集来的原始资料进行质量上的评价和核实，对材料进行一番筛选、取舍，选出真正需要的资料。而且，在甄别资料的过程中，会加深记者对资料的认识，

---

① 九夜：《干货｜你真的知道怎么找资料吗？》，2019 年 3 月 23 日，品略网，http://www.pinlue.com/article/2019/03/2300/428329287913.html，最后浏览日期：2020 年 7 月 28 日。

有利于对资料的性质、真伪、价值等的判断。

首先,要鉴别真伪。第一,是否真实:弄清资料中涉及的事件是否真实存在,分辨资料中提到的事情是否仅仅放置在特殊情境中才能实现;第二,是否准确:资料不能含混不清,模棱两可,相互矛盾;第三,是否完整:资料不能残缺不全,以偏概全;第四,是否标准:资料必须具有可比性,或者是可参照性;第五,有无条理:整理出来的资料应当是分类分组、脉络分明、条理清晰的①。

其次,必定有深浅程度的区别。要尽量选择程度深的材料,如此才能提升文稿的高度和含金量。可以采用比较法,把资料本身的论点与论据相比较,把正在阅读的资料与已经确认可靠的资料相比较,把宣传性广告与产品目录相比较,等等。还可以采用专注法,注意专门的鉴别性文章,多看看别人是如何进行鉴别和评价的,以节省自己的时间。

最后,搜索顺序要先内后外,先近后远,先易后难。先内后外的顺序为一手资料—找他人研究评论成果—理论和相关政策—其他相关的背景材料,这也是对一个陌生领域从了解到深化的过程。先近后远是指先查找年代近的资料再查找年代远的资料。先易后难是指先到专门的网站去寻找资料,也就是搜集力度比较大的资料,再去其他地方寻找,如稀缺、流散、征集难度大的资料。

2. 信息判断

《批判性思维:带你走出思维的误区》一书从传统的专业角度提醒人们从多方面判断信息的准确性,这些指标同样可以应用于移动新闻信息的判断。

(1) 区分。首先,要能区分理性的断言和情感的断言。移动新闻也应中立、理性,不加入主观感受。如果采访对象的故事涉及情感类内容,则需加双引号令受众知晓。尽管自媒体、社交媒体时代大量采用了情感性新闻,但情感性新闻是更为广义的新闻范畴,专业新闻仍然需要有所区分。其次,要能区别事实和观点。传统新闻强调新闻报道与新闻评论分开、广告与新

---

① 九夜:《干货|你真的知道怎么找资料吗?》,2019年3月23日,品略网,http://www.pinlue.com/article/2019/03/2300/428329287913.html,最后浏览日期:2020年7月28日。

闻部门分开，移动新闻仍然要尊重用户独立判断的需求，不是提供观点而是提供充分完整的事实，让用户自己判断或者让社区独立讨论。媒体如需提供观点，需要让受众知晓这是观点，而非事实。

（2）洞察。信息提供要完整，记者要能判断证据的缺陷，洞察他人论证的陷阱和漏洞。独立分析数据或信息，不轻信外源。发现数据和信息与其来源之间的联系，避免不当关系，避免信息由于利益或能力因素造成的偏差，选择支持力强的数据。

（3）逻辑。记者要能识别论证的逻辑错误，处理矛盾的、不充分的、模糊的信息；要能基于数据而不是观点建立令人信服的论证，避免言过其实的结论；要能识别证据的漏洞并收集其他信息，使上下文言辞一致，材料不产生前后矛盾或逻辑错误。

（4）多元。问题往往没有明确答案或唯一解决办法时，记者应考虑所有与利益相关的主体；进行报道时，要清楚地表达证据，并考虑到语境的相对性，不随便推出结论，证据运用要合理精准。

（5）明确。记者应围绕主题，避免无关因素，有序地呈现增强说服力的素材内容。

3. 查询审核

记者应利用网络数据资料和社交连接等资源，对已经掌握的事实进行查询审核。

首先，从来源入手，找到信息的起源和出处。记者应找到第一个发布信息的人，核实发布者信息，查阅发布者全部社交网络痕迹，进行交叉检验；找到拍摄者、第一个发布者，查核原始出处，了解他们是什么人、在哪里拍摄的、为什么会在那里、是否有更多的现场照片等信息；查看发布者历史记录，在各个社交网站平台上寻找其账号信息。

其次，信息拓展，寻找类似信息。记者应确定发布时间、发布地点，核实所生成的信息是否为真实信息；确认拍摄的地点、时间，查看图片元数据是否存在矛盾点；截取视频画面，通过图片反向搜索确定地址；交叉检验，包括当天天气、图片中是否有车牌号、地标建筑及其他一些标示性信息。

记者还可以充分利用网络资源，对比核查公开资料和已有数据；借助网络高级搜索、各类数据库、信息公开申请、各种工具等进行辅助核查。

三、数据抓取与处理

大数据时代不仅仅有传统的通过抽样等方式获得的数据，更有动态还原的大数据，能够把用户的所思所想直接归纳呈现。对数据的运用和处理对移动新闻生产越来越重要。

大数据的核心功能是预测，通过海量数据、智能计算来预测可能性，塔吉特公司预测怀孕的案例便是其中的典型。有一次一对夫妻接到来信，塔吉特公司恭喜他们的女儿怀孕了。这对夫妻自己都不知道女儿怀孕，塔吉特公司是怎么知道的呢？他们通过积累和整理大数据后发现，适龄女性的查找、搜集、购买等行为会随着孕周的变化而发生规律性变化，比如，初期会买叶酸，中期会买大码内衣，后期会买婴儿衣物等。塔吉特公司借此能准确判断她们的怀孕时长，并借机提供相应的服务，推送相应的产品。

大数据的核心不在于数据量的大小，而是多渠道数据的整合，从大量数据之间寻找关联，比如 2015 年贵阳的楼房倒塌事件。为了查清埋在下面的人以及具体位置，政府找到了三组数据：一组数据是户籍数据，每个派出所都有户口登记，居委会有各家的访问记录；一组数据是手机数据，手机硬件本身有信号，与基站之间的交互会留下印记，还有各种通话记录、聊天记录等；一组是监控数据，道路、小区、楼宇、电梯附近都有监控，可以查到人员活动的情况。三组数据合成，便于救助队精准地找到埋在下面的每一个人，包括一位连手机都没有的保姆也被找到了。

数据应用是个热门话题，但记者使用时一定要有数据批判意识，如安全方面的各种密码保护、手机素材的即时保存等问题。为防止数据垄断，除了要防范某些重要数据资料不透明的不公平问题外，还要注意各种低级信息的渗透，防止追求利益最大化的商业公司为获取用户注意力而个性化推荐低俗内容。更要注意隐私保护，谨慎对待法规制定及新技术对私人空间的侵犯等问题。

这里需要提示有关数据敏感的问题。很多人以为所谓的数据就是阿拉伯数字，实际上所有能够量化的结构化资料都可以算作数据。比如，在语音识别背景下的各种声音数据，在文字识别背景下的各种文本资料，在图像识别背景下的各种图形、图示、照片等。特别是很多媒体人平时收集了不少用户来电或者邮件，要学会设计表格并设置适当的变量进行即时登记，使之成为可用的数据。更要注意平时的数据隐私保护，如防范各种指纹、面部、声音、密码等的窃取。

记者搜集数据时有很多途径。在大数据时代，各国政府都鼓励开放数据，媒体人可以找到很多公开的数据，如联合国数据、世界银行数据、国家统计数据、CNNIC统计数据等；还有一些传统数据，如各种统计表、记录、索引等；各种互联网数据可供应用，如Alexa网站数据、百度提供的浏览数据、谷歌提供的各种数据库；各个单位也有自己的年度报表、网站后台数据、各类电子资源库等；每个人也有自己的照片集、行业分析资料、个人健康资料等。这些都可以作为数据分析资源使用。除了现成数据，亲自抓取数据也比较常用，目前有大量数据可以通过爬虫技术抓取并在清洗后使用。

数据分析有很多种方法，如语义分析、地理分析、趋势分析、交叉分析等。比如，标签云图可以借助语义分析法进行词频处理，并绘制成图形；高德地图、大众点评则是典型的地理分析方式；胡润百富榜通过年度富豪榜单变化分析财富流向；Gapminder通过X轴和Y轴的变量关系揭示了影响历史变化的相关因素。

数据的运用在移动时代可以通过网络自学完成。比如，中国统计网、数据挖掘学习交流站、数据挖掘研究院、人大经济论坛、统计之都等。如果要学习使用相关工具，有Excel Home、Excel技巧网等；如果想与高手交流，可以关注沈浩老师的博客、数据挖掘与数据分析（博客）、数据元素等。

在会用数据的同时，也要做自己的数据库。媒体人既要能自己收集积累数据、整理储存数据，还要懂得量化结构化数据，并熟练地应用自己的数据。比如谷歌的Gapminder，其创办人汉斯·罗素林本来是北欧的公共卫生专家，在联合国工作时发现了数据的重要性，于是带领一支团队对联合国数据、世界银行数据及各国公开统计数据等进行整理，将全球300多个国家的多种数据整理成表，做成有五个变量的软件供大家免费使用。使用这个软件时不仅可以自由地选择不同变量，了解各种维度下的历史变迁，还可以免费下载数据，加上自己的同结构数据，便于了解自己的行业变化或相关领域的历史变化等。每个媒体人都可以自己制作结构化数据，并与公开数据关联，形成自己的独到认知。

第四章

让文字报道更生动

移动智能时代是注意力稀缺的时代,在海量内容面前,同样的报道内容和素材需要借助生动的表达来争取受众关注。

新闻文本的生动性,既表现在单个报道内容的生动性上,也就是对标题、导语、正文、结尾、背景等的技巧性处理,也表现在不同报道在结构、语言、风格和文体等层面的多样化选择上。

第一节 表达更生动

要让一篇文字报道更生动,需要改变常规的报道风格,标题要精练,开篇要精彩,结构要适合浏览,有故事化表达,同时增强画面感和体验感。

一、精心制作新闻标题

标题是新闻的名片,移动新闻的标题常常集中在首页被挑选点击,好标题需要具备以下六个要点。

第一,清晰准确地说明一个新闻事实。标题应避免表述模糊和歧义,要具体准确。

第二,突出最为重要的新闻价值点。由于大多数人首先只看标题,不点击链接,因此,标题要将核心价值点呈现出来,这样才能保证重要内容被知晓,继而引发用户点击关注。特别是在辟谣或舆情澄清类事件中,最好直接说明事实真相，而不是等用户点击后才能了解。当下的数据显示，不少用户选择在看完标题后直接去留言，略过了正文阅读。

第三，引导阅读。在移动时代，新闻首页往往只有标题，标题的存在自然令用户产生问题预设，标题制作要有推动人们点击进入正文的动力。

第四，结构尽量简化。海量的标题集中在手机端，迫使用户快速浏览并进行选择。因此，新闻标题一般采用单行题，而且采用实题。文艺化标题或虚题不能令用户立即领会到新闻的重要性，很有可能被略过。

第五，字数有限定要求，一般不超过15个字。这是一个视距的距离，是恰好一眼看过去从左到右的长度。实际上，长的句子通常会用标点或空格来切短，如公众号标题往往可以延至两行，但常被空格隔为两段。

第六，贴切传神。好的标题应当能使读者望题而知文意，吸引读者的注意和兴趣。例如，"渭南撤了两个'官' 一个不敲钟 一个爱捞钱"，这是一个传统媒体的两行标题，但在移动报道中依旧适用。与公众号标题相近，用空格裁短，其意思更清楚。一个标题应含有至少两个价值点——事件、原因，这样才形象生动，读者一看就懂。

又如，"服务从这里延伸——工商银行济南市分行优质文明服务纪实"，这种标题简明清晰，适用于诸多情况。但是，在移动智能时代，人们一看这种标题就感觉是套话、官话，不知究竟是何具体事件，有何精彩点，因此，这种标题往往会被忽略。

常见的标题写作手法有简洁、人性、关键画面情节、悬念、冲突等。简洁的，如"希拉里输了，特朗普赢了""特朗普赢得大选"；突出人性的，如"奶奶用体温暖活巴掌大早产孙子"；突出关键画面情节的，如"墙上布满逃生者抓痕""千万富翁遭蒙眼绑架 听对话辨出主使者"；突出悬念的，如"男子偷钢筋弄塌废厂房致一死两伤 状告被偷企业"；展示冲突的，如"南方医科大教授遭劫杀 凶手无一人判死刑"，"死不揭发受贿人 死刑犯多活5年"，"女子拒绝捐骨髓救患病哥哥 称其不孝顺父母"；运用设问法的，如"42人遇难，普吉岛游客为何一上船就被收走救生衣？"；曝光热点矛盾的，如"曝房地产开发商使用的十大惊天狠招""非法药品市场暗访记"；突出名人的，如"丁肇中：中国科学家有成绩就升官是误入歧途"；运用拟人手法的，如"一个茄子的进城之路（农产品进城）"，"'蚂蚁'何时啃掉'硬骨头'"；强调动作的，如

"白岩松打自己身上的假";运用比喻的,如"嫁入市场也有娘家回"(劳务用工制度);运用对比的,如"研究生蔡成龙回乡当农民"。

二、首因效应:精彩开篇

好的开头在移动时代非常重要,人们会在第一段的阅读中判断整篇文稿的价值和吸引力。有些平台如优酷、爱奇艺等的付费视频开设前6—10分钟免费试看,喜马拉雅FM等设计有试听环节,方便用户选择。开场是否精彩,是否有吸引力,成为用户继续阅读的决定性因素。

写好开篇的原则涉及如下五方面。

第一,突出核心要素。时间稀缺时代,用户养成了读到一定程度就半途离开的习惯。因此,适应受众的选择主动性,将核心要素放在文章前面更有利于节约用户的时间,帮助用户把握重点。

第二,出语不凡,巧于开篇。找到新颖有趣的开篇方式,可以让受众一读就明白,感兴趣后产生继续阅读的欲望。

第三,言之有据。开场要有依据,5W1H等事件基本要素要完整,方便受众判断。

第四,突出新鲜性。让受众感受到时间节点的接近性,联系自身需求,产生必要的阅读动机;让受众从乏味平常的表达中解脱出来,享受文字带来的愉悦和惊奇。

第五,多样化的形式。找到丰富的开场方式,常换常新。常见手法有特写法、悬念法、设问法、比拟法、对比法等,下面是一些具体例子。

(1)特写法。

(音频新闻)

【出音响压混】去年年底,拉萨市城关区纳金乡农民达瓦在市里红旗路上的馒头店开业了。

【出录音】"每天做几锅馒头?""生意好的话,五锅。""现在每天卖多少馒头?""二百个左右。""每天可以赚多少钱?""一百多。"

这个店是拉萨市扶贫农发办的一个帮扶到户项目。此前,因为没有一技之长,达瓦一直在打零工,收入很低。去年,拉萨市扶贫农发办免费为他进行了面点培训,还送来了炊具等生产设备,帮他开了这家馒头店。在重点帮助贫困群众脱贫的同时,西藏各地注重引导农业开发项目区群众抓增收。过去两年,山南地区乃东县投资6 400多万元用于农业开发,建设了2.4万亩高标准农田。昔日"靠天吃饭"的庄稼地,如今成了"旱涝保收"的良田。

……

《西藏积极探索扶贫道路 去年13万名农牧民脱贫》 2013年3月22日

(2) 悬念法。如"农村建污水处理站,本是环保的好事。可怀柔区汤河口镇后安岭村村民反映,他们村的污水处理站建成3年多,村民家的污水也排了3年多,污水站里却始终不见处理过的清水排出来。污水到底去了哪儿?"(《污水处理站建成三年未见一滴水》,2015年6月9日)

(3) 设问法。如"'这两年,别人想在我们村寨娶走个媳妇都难。'3月25日,记者在阿坝州若尔盖县求吉乡采访时,噶哇村村委会主任仁卓的一句感慨引起了记者的注意。为何难?原来,村里年轻人不少都出门上大学去了。全乡共629户人,近7年间已有235人从大学毕业,还有124名大学生在读"(《629户人的藏乡走出359名大学生》,2015年3月26日)。

(4) 比拟法。如"6月9日凌晨一点半,万籁俱寂,但北京新发地农副产品批发市场却已灯火通明。'后面的车把证件全部准备好!没有证件禁止入库!'随着牛羊肉批发点工作人员的一声吆喝,司机们打着哈欠,熟练地将车玻璃前的一沓证件捏在左手,耐心等待检查——过了这道关,车里上百只来自河北的新鲜全羊才有资格入京'待嫁'"(《一只羊的进京路》,2017年6月16日)。

(5) 对比法。如"今天,种粮大户陈卓只用了一天的时间,就完成了100公顷玉米地的喷药作业,而在往年,这项工作至少需要5天"(《农民租飞机给农田喷药》,2015年7月9日)。

三、结构适合扫描式阅读

正文写作时要注意突出关键词语,运用跳笔及第一视域等。

首先,突出关键词语。避免强调整个句子或一个段落,因为扫描状态中的眼睛一次只能掠视两三个词。

其次,跳笔。移动新闻的常见渠道是手机屏幕,它比较小,读者很难在一个段落中同时注意到两个重点,所以要用跳笔法,无须详尽俱到,而是简练概括,一个段落描述一个主要内容,用另一个段落去描述另一个内容。

再次,第一视域。人们阅读新闻时一般与读文学、哲学不同,不会深度思考,往往是采用两层法:第一眼看标题、提要、小标题、图表,大体了解文章大意,判断阅读重点和价值大小;第二眼通读,从头到尾,一遍而过。要学会适应这种阅读习惯,重视提炼第一视域要素,让文稿深入浅出。

最后,突出新闻价值点。重要者为先,可采用倒金字塔结构。

案例 2:

记者体验环卫工人的艰辛　马路天使:坚守与期盼[①]

《浙江日报》杭州 10 月 25 日讯　他们,是这个城市最普通的一群人,也是最不可或缺的一群人。

在 10 月 26 日——我省第 16 个环卫工人节来临之际,记者特地选择一位环卫工人叶金玉进行跟踪采访,希望通过聆听她的心声,让人们能够更多关注环卫工人这一群体,让他们在这座城市生活得更有尊严、更加幸福。

担忧:作业安全

【近镜头】见到叶金玉时,她正在杭州梅登高桥公交车站附近的马路上清扫渣土。

一辆公交车刚好在她背后停靠上下客,发动前轻轻鸣了一下喇叭,叶金玉马上从车子前边绕过。不料,一辆电动车唰地一下,从公交车上下客门这边蹿出,擦着叶金玉的左手衣袖向前冲去,回头扔下一句:"会不会走路啊!"

叶金玉愣了一下,电动车已经驶远。

叶金玉告诉记者,路上作业,安全肯定是个问题。她每年总要被电动车碰伤两三次,但并不是所有环卫工人都有这般幸运。

[①] 参见《记者体验环卫工人的艰辛　马路天使:坚守与期盼》,2012 年 10 月 26 日,浙江在线,http://hangzhou.zjol.com.cn/hangzhou/system/2012/10/26/018902799.shtml,最后浏览日期:2020 年 7 月 28 日。

"类似的危险情形经常发生。"叶金玉所在的中北环卫所所长于荣华说,最容易出事的时段是早晚,这些时段光线不好,要是再碰上雨天或雾天,就更加危险。

【微调查】据杭州市城管委市容环境卫生监管中心的数据,近3年来,环卫工人在作业中发生意外交通伤亡事故共21起,其中,2010年为11起。

烦恼:缺乏尊重

【近镜头】不过,叶金玉话里话外提到最多的还是尊重。

虽然时隔数月,但是想起今年7月发生的一幕,叶金玉的眼里还是充满了惊恐。"那个女的飞起一脚,就踢在我这里。"她指了指自己的上腹部说。

事发时,叶金玉正在清扫自己的责任片区,扫到一家美容店门口时,忽然听到一声呵斥。原来,这家美容店正在装潢,在路边临时搭了一个铁架,叶金玉想把架下的垃圾扫出来,店员却认为她想把垃圾扫进去。叶金玉忍不住争辩了几句,没想到对方抢起一把扫帚,一下子便打在她的右肩膀上……

扫了整整18年垃圾,叶金玉当时就在马路边号啕大哭。"这些年来,能忍的我都忍了,但那次真是太难过了。"她对记者说。

【微调查】据中北环卫所统计,该所每年环卫工人上报的谩骂殴打事件就有10多起,这还不包括大量的一般口角。

渴望:休息场地(略)

……

企盼:子女成才(略)

……

案例分析:

这是一篇《浙江日报》的"走转改"获奖新闻,它的文本处理非常适合移动互联时代的扫描式阅读习惯。这篇体验性报道选取一个典型的工人案例,以一斑窥全豹,可以看到浙江省环卫工人的整体情况。报道的标题简练,大标题和小标题都采用关键词法,利用标点符号突出标题中的关键词,让读者将视点直接落在关键词上。报道分成四个部分——作业安全、缺乏尊重、休息场地、子女成才这四个环卫工作者最在意的问题,重点突出。每个小标题下的文本部分都分成"近镜头"和"微调查"两个部分:"近镜头"讲的是叶金玉的小故事,有画面,有情节;"微调查"讲的是整体相关情况,用数据和调查结果说话。有点有面,微观和宏观结合,具体可感的故事占据较多篇幅,普遍问题的概括总结用语简单,调查数据可靠。这样,读者在一接触标题的时候就立即能感知到文本的意图,产生对几个想要知道的问题的期待。在整个页面上,四个小标题清晰明确,使读者对全文框架一目了然。阅读中,每个部分的结构比较均匀,读起来生动,而且有节奏、有韵律,非常适合读者的身体感受性。

四、语言生动简洁

移动新闻的文字表达要生动简洁,可以展示关键动作,通过运用简单句、精准用词、通俗化、细节具体等方式来实现。

第一,尽可能展示人们的动作。选取关键动作表达人物的内在变化,要比概括和揣测人物心理更符合移动互联时代用户的主动性和独立性。比如,"这个孩子看起来很伤心",这其实是通过眼前事物作的判断。可以换成"这个孩子听到消息,默默走到墙角,坐下来,双手抱膝,头埋下来,一动不动两个小时",通过具体动作来让受众体会人物心理。

第二,多用简单句。移动互联时代的新闻用户存在年龄偏低、学历下移的现象。同时,时间的缺失也导致用户的新闻阅读要求直截了当,清楚明白。因此,少用复合句,使用简单的句子,避免受众花较多的时间和精力辨别主谓宾和句式,帮助受众直接领会文本内容。在《吴士宏揭开IBM面试惊人一幕》《记者体验环卫工人的艰辛 马路天使:坚守与期盼》这些案例中,段落都不长,两三句话,表述完就跳到下一段。

第三,使用精准的行为动词。描述动作并不见得需要冗长的句子或复合词语。中国文字中有诸多精准的词汇可以选择,比如,"他走进来","走"是一个概括性动词,并不具体生动。可以根据具体情况换成"他拐进来""他踱进来""他迈进来""他晃进来"等,这其中的每一个字都有具体的行为样态并能展示人物背后的心理特征,既生动,又简洁。写作要养成"炼"字的好习惯,写作者应直接找到最适切的语词进行生动具体的表达。

第四,将专业术语翻译为读者能理解的通俗语言。通俗易懂是对新闻语言的基本要求,在受众不熟悉或了解不深的领域,写作者要找到让人一听就懂的表达方式,而不是"掉书袋"或者直接搬用专业术语。比如,多运用举例子、打比方、讲故事等表述方式。同时还要换位思考,在用户角度上考虑可能会有的理解障碍或者阅听习惯,找到用户最能领会、最欢迎的表达方式。

第五,用具体细节代替形容词。写作者的直接形容可能存在替受众作判断的情况。移动时代的受众更重视自主性,所以,记者需要观察事件的重点动作和情形,选择关键细节再现,让用户自己去判断。比如,"女王听到爱人死亡的消息后,久久不语,慢慢走到船尾,任风雨击打肩头,头发飘摇了一整晚"。不同的受众对其感受不同,有人说这个女人很坚强,有人说她已经伤心得说不出话了,还有人说这个女人疯了。无论怎样,写作者只需要将当时的具体细节予以再现,受众如何判断是他们自己的事情。

案例 3:

吴士宏揭开 IBM 面试惊人一幕[①]

经过 1999 年秋季媒体的狂炒,吴士宏已成为现代人耳熟能详的名人。其实在这番炒作之前,她的经历与业绩就不断见诸报端,只不过没有如此密集罢了。

在吴士宏努力向上的过程中,以她初次到 IBM 面试那段最为精彩。

当时还是个小护士的吴士宏,抱着个半导体学了一年半许国璋英语,就壮起胆子到 IBM 来应聘。

那是 1985 年,站在长城饭店的玻璃转门外,吴士宏足足用了五分钟的时间来观察别人怎么从容地步入这扇神奇的大门。

两轮的笔试和一次口试,吴士宏都顺利通过了。面试进行得也很顺利。最后,主考官问她:"你会不会打字?"

"会!"吴士宏条件反射般地说。

---

① 参见《吴士宏揭开 IBM 面试惊人一幕》,2006 年 3 月 4 日,东方网,http://news.eastday.com/node79841/node79867/node121995/userobject1ai1891029.html,最后浏览日期:2020 年 7 月 20 日。

"那么你一分钟能打多少?"

"您的要求是多少?"

主考官说了一个数字,吴士宏马上承诺说可以。她环顾了四周,发现现场并没有打字机,果然考官说下次再考打字。

实际上,吴士宏从未摸过打字机。面试结束,她飞也似地跑了出去,找亲友借了170元买了一台打字机,没日没夜地敲打了一个星期,双手疲乏得连吃饭都拿不住筷子了,但她竟奇迹般地达到了考官说的那个专业水准。过好几个月她才还清了那笔债务,但公司也一直没有考她的打字功夫。

吴士宏的传奇从此开始。

如何抓住转瞬即逝的机会,是任何人、任何事都教不会你的,只有你的素质积累到了那个水准,灵感火花才会迸发。

案例分析:

这篇报道的真假不太能确定,但写作手法值得学习。

标题文字简洁,吴士宏是名人,IBM是名企,具有显著性,"惊人"二字具有特异性,采用动词"揭开",更具可感性。

从正文来看,每个段落都不长,几个简单句构成一个段落,没有生涩词汇,文字的结构也比较简单。文中对动词的提炼相当精准:"抱着个半导体"的"抱"字很具体生动,如果用"拿"字就太笼统,而"端着""举着""托着"等都不如"抱"更能表达密切感。文中第四段用了"观察",还加了状语"足足用了五分钟的时间",让动作更具体,程度更深。描述吴士宏进门时,记者使用了"步入"这个词,足以体现人物自信从容的状态。

写作时要注意,该省略的地方应毫不犹豫地删除,围绕主题选材。笔试、口试的过程实际上还会有许多故事情节,但都与主题无关,记者于是一笔带过。面试环节也放到文章最后,使用对话体,简单有力,直接体现出两个对话者的不同心理,从容而精心。文章中小小的波澜都是通过转折的方式凸显出来,"您的要求是多少",一句反问突然改变了局势。主考官说了要求后,吴士宏立即答应,却下意识地查看环境,终于如自己所料,没有现场测试。文章的每个段落都很短,情节却一句一转,惊心动魄。在措辞方面,"说"用了"承诺"表达,"看"用了"环顾"表达,动词也很精简。

其后一个段落中仍旧有转折。吴士宏并没有因为考试的幸运而放过自己,文中使用连续动作表达了她尽快弥补的行动力,如"飞也似地跑""借""买""敲打""拿""还清""考"等,将人物在试后的一系列努力具体生动地再现出来。这些一句一个动作的背后,是转折连接手法,让平凡故事充满悬念,自然调动了人的心理紧张感,引发他们聚精会神的关注力。

语言的精准和具象运用对许多人来说是个学习成长的过程。可以从唐诗、宋词、现代散文的欣赏阅读及背诵开始,结合高质量的赏鉴类文章,提升自己对字眼、炼字等艺术的领会,逐渐模仿,在平时的写作中琢磨字词,最终逐渐养成高质量的语言写作习惯。

五、故事跌宕起伏

讲故事是使事件报道更生动的重要方式,好的新闻故事跌宕起伏,引人入胜。美联社特写新闻部主任布鲁斯·德希尔瓦认为,以说故事的方式向人们提供的信息更容易被理解和记忆。这种方式让人放松,让人觉得有趣,所以,以这种方式整合过的新闻素材将更加有效地吸引读者。这样一来,读者看到的不再是干巴巴的事实罗列,而是真实的生活①。

主角、难题、过程和结局是成功叙述一个新闻故事的必备要素。普通新闻往往注重新闻事件的5W1H,还有事件的结果,如大选、审判、企业破产之类的报道。故事化新闻不仅关注事件的要素、结果,更重视新闻事件的过程,注重展现新闻故事情节,挖掘人物的内心情感,刻画人物的个性,捕捉生动传神的生活细节,从而增强新闻报道的客观性与可读性,使新闻报道充满趣味性和人情味。

讲故事要生动跌宕,有情怀,有意境,有感受,还要再现人物的行为、对话和场景,调动人们的视觉、听觉、嗅觉和触觉等诸多感官。同时,描写关键情节,让读者更好地通过文章去感觉这个世界。

细节是金。任何好的作品都依赖于对细节内容的运用,而不是抽象的概

---

① [美]杰里·施瓦茨:《如何成为顶级记者:美联社新闻报道手册》,曹俊、王蕊译,中央编译出版社2003年版,第156页。

念。记者为什么强于编辑,是因为记者在现场,他们充分的观察必不可少。

案例4:

<h3 style="text-align:center">亘古的北极星(手记)</h3>

诚然,我无法像谢长江那样一路追随亦师亦友的袁隆平;我儿时记忆里模糊的榜样,只因"中央新闻单位袁隆平事迹采访团"赴湖南省杂交水稻研究中心采访的契机,一夜之间变成了近在咫尺、谈笑风生如邻家爷爷的爽朗老人。老人的嗓子不太好,正含着润喉糖,却烟不离手,还调皮地吐出一个烟圈。经常在这个时候,他那两个还不到上幼儿园年纪的孙女儿,会争着抢着爬到爷爷身上,把肉滚滚的手指往烟圈里套。

短短数天的采访,人来熟的他,让我们见识了他的率性和洒脱:想问题时抓耳挠腮,说到兴奋处时手舞足蹈,还噼里啪啦地拍打坐拥左右的学生的大腿;总认为自己的字写得不好,但对求字者有求必应,这天就为一家农技公司题了"立足科技,盛世兴农"8个字,"盛"字写得不够满意,再写一张,自我欣赏一通,然后才交出去;当被问及抽烟是否上瘾,烟龄已有50多年的他自认为还算节制,"Sometimes(间或),一天也就一包吧"。能娴熟驾驭英语的他,只要不是和农民交谈,总喜欢说几句英汉"夹花"的语言。为了让我们尝一尝超级稻的品质,他做东留大伙吃饭,清香的米饭令人食欲大开,他得意:"我没说错吧,好吃着呢。泰国香米香吧,可咱这叫'超泰米'。"每天下午5时半,他雷打不动前去"老年排球"球场打球,他对自己的球技非常自信,真打起来却频频失手,他所在的男队最终以悬殊比分败给他夫人邓哲所在的女队,球场喝起倒彩。这几天,他把"好"衣服穿出来了,摩挲着自己那件灰黑竖条的T恤,"58元,顶我平时穿的三件。怎么样,不错吧?衣服穿我身上就涨价"。

……

节选自《亘古的北极星》,《文汇报》2007年5月23日

案例分析:

如何获得细节?如何选取细节?如何再现细节?这些都是写故事的要点。这篇案例来自《文汇报》主笔,对于袁隆平的这次采访,当时全国集中了

各大主报的六七十位记者，而这篇报道能脱颖而出，与记者的细节累积和敏锐抓取能力密不可分。

通常，对一个优秀人物的报道往往会陷入对他已有的刻板印象。对科学家的刻板印象，往往是废寝忘食，甚至为了工作不顾家庭、不顾健康等。中国媒体长年以来，出于下意识，对于先进人物往往会有意识地筛除其弱点，以表现他高大全的特异一面。长期以来，我们对雷锋、焦裕禄等时代模范都采用了"英雄"表述手法，但是到了今天，受众已经更多地认识到人物的多样性。江胜信的这篇稿子对人物的认识实际上提升了一个高度，她看到了人的多面性，也了解英雄模范在了不起的一面之外还有普通人的那一面。在她看来，正是因为普通人的这一面，才使得这些人如此可信真实，可亲可近。在新的人物认知维度上，她选取了袁隆平普通人的一面，有亲情、有性格、有弱点、有趣味。报道中的人物立体生动，可亲可感。

要获得这样的细节素材，记者需要花费很多心血。任何具象的画面都来自记者的观察和深入体验。没有十倍以上的素材是不可能筛出主题一致而又趣味横生的多样性画面的。江胜信一直有深入观察体验的好习惯，通常一般记者一周写好的稿子，她要花五倍的时间。比如，在对患癌去世的女县长的调研中，有人带记者团到河边，说这位女县长每天要赤脚蹚河4回，所有记者都认真聆听了，她却不止于此，而是真的在不同的时间段脱下鞋过河体验。只有这样，记者才可能感知河水的温度，才能体会脚底石头的质感，才能体察周边晨昏的景色变化。细节体验来自记者的敏锐观察，也来自设身处地的感知。袁隆平的那些趣味横生的细节，来自记者本身的多次观察，十倍次的细节累积才能最终遴选出这些有意思的画面。

在细节的再现中，可以看出作者的个性化和具象化表达，她没有用和蔼可亲等概括词，而是通过多个画面情节呈现出读者可知可感的袁隆平。文章的每一个情节都只有两三句，记者简洁地提炼出关键点，组合起来却立体丰富。在关于女县长的报道中，江胜信采用女性化的柔美文风，而在有关军人模范的报道中，她抓住了人物的刚毅与豪爽，始终使文章风格与人物特点对应。

案例 5：

公安微博危机公关十小时

昨天下午，山大南路上，一起普通的治安案件引发千人围堵的群体事件。济南公安微博第一时间公布权威信息，将这场风波顺利平息。

请听济南台记者采制的录音报道：公安微博危机公关十小时

（录）昨天 17 点，在山大南路，一名女警察与一对修车的老人突发争执。市民李先生：（录音）"她嫌人家老头老太太修得慢了，就跟人家争吵起来，然后就开口骂人。"

争吵中，女警察叫来一名男子，将两位老人打倒，并迫使老太太跪在地上。周围群众看不下去了，纷纷要求他们给老人道歉。

17 点 17 分，历城巡警闻讯赶到现场，刘警官：（录音）"经过了解，是一起治安纠纷。由于现场人太多，我们准备把双方带到就近的派出所作进一步处理。"

然而，不明就里的群众误以为警车是想掩护女警察逃走，于是将警车团团围住：（录音，现场）"出来！出来！出来！"

18 点 32 分，网上出现了"刘三好学生"的一条微博："山大南门东边，据说发生警察殴打老太太致老太太下跪的事！"

这条微博被迅速转发。更多的市民赶往现场，在很短的时间内就聚集了一千多人：（录音）"后来人越聚越多，大家很气愤嘛，就把这个车拥到路中间，这个山大南路就不能走了。"

19 点 31 分，济南市公安局微博警察孙海东发现了这一情况，立即通过"济南公安"官方微博介入："历城分局，怎么回事？"

19 点 45 分，孙海东随市公安局领导一同赶到现场参与处置：（录音）"现场很多人举着手机，不断地拍照、发微博。但大部分群众都没有看到第一现场。如果以讹传讹，事情会越闹越大。所以我们必须和时间赛跑，在微博上将真相尽快发布出去。"

（键盘声，压混）

20 点 15 分，"经调查，一名省司法厅女狱警在修车过程中与群众发生冲突。"

20 点 20 分，"经核实，省女子监狱民警林某着警服修电瓶车时发生纠纷,叫其丈夫将受害人打伤"。

20点26分,"现场的警车是历城巡警处的警车,是为了先期处置"。

20点36分,"目前打人者已被扭送山大路派出所。现正在接受处理"。

这些微博被转发了7 163次。网上的声浪渐渐平息,现场的群众也因为了解了真相而陆续散去。

今天凌晨4点07分,"济南公安"微博再发最新进展:"打人者林某和朱某被处以十五天行政拘留。两人已被连夜拘留。"

众多网友对"济南公安"微博的做法表示了赞许。网友"多多":"'济南公安'微博辟谣真快,真给力。"网友"大晴天":"从处理结果来看,政府没有偏袒。赞一个。"

济南市公安局副局长徐春华:(录音)"微博传播谣言非常快,传递真相、消除谣言同样快。在突发事件中,一定要及时地将信息公开。你不说,别人就会乱说。相反,信息越公开,民众的情绪就会越稳定。"

山东大学教授王忠武:(录音)"在这个事件中,林某的特权意识和对争执对象人格的不尊重,触及了警民非正常互动的底线,这样就引发了旁观者对自身权利和安全感的一种焦虑和不安。济南公安以微博应对微博,效率、公正性可圈可点。这应该是政务微博发展的一个方向。"

案例分析:

这是一篇获奖音频新闻。这篇正能量的主流报道采用了时间线的方法,节奏紧凑,跌宕起伏。新闻开场针对的是正在发生的谣传,受众不仅关注这场纷争,还有辨认真相和维护公平的潜在意图。整个报道从起初的矛盾开始,一步步地以具体的时间节点为段落,将纠纷发生—误解产生—堵路传播—现场核查—微博辟谣—误会解除—专家解析等多个环节以分单位快速推进。同时,利用多人分饰角色、配音情景再现、模拟特种音效等手法,将汹涌的网络声浪、紧张的现场情景以及政务微博不断公布的真相有机地融合在一起,整个过程丝丝入扣,步步惊心,引人入胜。

该报道在声音处理的多样性方面值得学习。在音频报道中,受众必须通过线性的声音流动获得准确信息,所以,音频新闻比文字新闻更简洁,线索也要更明晰。这个报道不仅段落简单,每句都清楚,而且采用了非常多的声音变化来消除听者的听觉疲劳,让受众明确感知到句子的结束和下一段落的开始。除了现场同期声里的巡警、微博警察、围观群众等的声音采集外,还有副局长和教授解释者的声音。另外,除了导播的声音,音频中还设置了拟声(如键盘压混的声音)以及不同留言网友的声音,给人以身临其境之感。

这篇报道在新闻采访对象方面的全面性也值得探讨。该新闻采访了现场多名目击者,还有巡警、微博警察等重要当事人,甚至找到了深度解释者,副局长和教授分别对各方迅速反应的意义以及受众态度的原因等进行了深度恰当的解释。这些做法都相当出色。稍有遗憾的是,记者没有联系对立方的当事人。

第二节 文稿多样化

移动新闻要求的短平快导致很多报道忽略了可读性,损害了用户体验。要让文字报道更生动,可以在多样化方面下功夫,如结构多样化、文体多样化、角度多样化等。

一、结构多样化

结构是新闻正文的构架。组织材料和结构时,要站在读者的角度想问题,如怎样才能引起读者兴趣,怎样才能让读者记住这个故事。在叙述主线设计时,要围绕主题,强调动态元素,关注具体信息。在信息处理中,要把一个故事的所有相关材料聚集起来,可以从横向、纵向、横纵结合等多种维度构架。

1. 纵式结构

即按单纯的时间发展顺序、事物发展顺序(包括递进、因果等)、作者对所报道事物认识发展的顺序、采访过程的先后顺序等来安排层次。常见的结构有倒金字塔结构和时间顺序结构等。

(1) 倒金字塔结构。即完全打破记叙事件发展的常规,将最重要、最新鲜、最精彩的新闻事实放在开端,其他事实也按先重后轻、先主后次的顺序

移动新闻实务教程

来安排。大多数消息都是采用倒金字塔结构,如《别了,不列颠尼亚》。

(2)时间顺序。即按事件发生的时间顺序来写。当前的诸多直播都使用时间顺序法,如《6:45分,国产航母离开码头!》。这种结构适合故事性较强、以情节取胜的新闻,尤其是现场目击新闻。时间顺序法还有一种变形,即悬念式结构。这种报道的开头是一个带有悬念的新闻导语,巧妙地点出最精彩或最重要的新闻事实,吊住读者的胃口,再在以后的段落中按照事件发生的基本顺序写。使用这种结构的叙事作品较为完整,重点突出,读者容易理解和接受。

案例6:

6:45分,国产航母离开码头!

从2017年4月26日下水,中国首艘国产航母何时开始走向大海就是各方媒体关注的热点话题。在时隔一年之后,5月13日,它终于在诸多拖船的簇拥下离开了码头!

国产航母从下水到海试,用了一年零两周的时间,在过去的这一年中,从外形上看,国产航母的变化并不大,主要是增加了舰岛上的多座雷达和通讯天线,与052D大型驱逐舰相同的四面改进型有源相控阵雷达也已经安装完毕,此外,飞行甲板外侧还增加了"海红旗-10"导弹和"1130"速射炮等自卫武器系统。

5月13日5时许,数艘拖船在国产航母周围就位。

5时30分许,航母鸣笛,随后可见发动机开始开机冒烟。

6时许,人员廊桥调离航母甲板。

6时11分,多艘拖船开足马力。

6时40分,在鞭炮声中,拖轮开始拖拽国产航母离开泊位。

6时45分,国产航母旁的89号航母辅助保障船发动机启动。

6时45分,国产航母离开码头!

6点53分,国产航母再次鸣笛。

《环球时报》 2018年5月13日

(3)作者(受众)认知顺序。一些法制报道常采用悬念手法按此顺序表达，如《十四岁少年为何杀人?》等。

（4）采访过程顺序。一般的访问都是随认知逐渐深入的。

2. 横式结构

即按空间变换或事物性质的不同方面来安排层次，常见的有空间并列式和性质并列式等。

（1）空间并列式。即在同一主题下，将同一时间发生在不同空间的事件并列呈现。如《今夜是除夕》在文章开篇之后，分别写了五个地方的人日常工作的情况——在中央电视台：不笑的人们；在长途电话大楼：传递信息和问候；在红十字急救站：救护车紧急出动；在北线阁清洁管理站："城市美容师"的话；在妇产医院：新的生命诞生了。

（2）性质并列式。即按新闻事实各个侧面之间的关系来安排材料。如《浦东，璀璨的"双桥"格局》，文中三个小标题分别揭示了"双桥"格局的三个侧面：南浦、杨浦两座桥——基础建设由小到大的跨越；金桥、外高桥两座桥——城市经济功能由低到高的跨越；改革、开放两座桥——城市开发机制由旧到新的跨越。

（3）群相并列式。即按不同人物及其事迹组织材料。例如《夏俊峰的工友们》一文，将曹佳、温德明父子、孙团长等工友的故事并列呈现，描绘了中国第一批下岗工人的窘境。

（4）对比并列式。即将正、反的人物或事件并列，从对比中见主题。《贫困户背不动豪华广场》就由"县城要建大广场"和"贫苦户雪上加霜"两个对比部分构成。

3. 纵横结合式结构

即将纵式和横式结构结合起来，此结构多用于事件复杂而时间跨度大、空间跨度广的报道。纵横结合式结构的典型案例有《广岛》《为了六十一个阶级弟兄》《唐山大地震》等。

二、风格多样化

每个作者都应有自己的表达风格，不应千篇一律。移动时代的新闻在海量过载的背景下，必须要呈现出新颖性和独特性，具有识别度。Papi酱等

移动新闻实务教程

网红就容易被识别,吴晓波等新型媒体人也借助鲜明的个人风格脱颖而出,浙江的万峰老师借助嬉笑怒骂的表达形式而被人们记住,现在的新闻主播没有个人特色很快就会被信息之海淹没。

不仅仅是自媒体个人,实际上栏目或节目也需要识别度。同样是人民日报社旗下的公众号,脱颖而出的侠客岛和学习小组,它们的栏目格式、文风等都有不一样的味道。为了清晰定位,它们甚至人格化处理了栏目,给人们留下深刻的印象。侠客岛的人设为"侠叔",男性,30多岁;上海发布的"小布",人设为一个都市青年,每天随城市脉动上班,早上了解城市新闻和天气,下午关注一些娱乐内容,下班后关注晚间消遣,遇到加班也会烦恼。这些栏目不仅识别度较高,而且具有情感贴近性的效果。

在每个具体的报道中,还要基于人物特点再现关键动作情节和表情话语;对于不同的报道对象和故事内容,也要基于事实进行个性化处理。

20世纪80年代,《人民日报》记者刘衡的《妈妈教我放鸭子》用第一人称的直接引语形式,使18岁放鸭女孩刘惠容朴实单纯、勤劳乐观的形象跃然纸上。

1979年,我初中毕业,妈妈说:"现在党的政策好,不割'尾巴',不消灭'海(鸭)陆(鸡)空(鸽)',你跟着我养鸭吧!"我说:"姑娘伢跟着鸭屁股转,人家笑话!"妈妈说:"谁会笑话?我8岁就甩鸭篙子了。"我说:"你那是旧社会,'饿得没法,就去放鸭!'"妈妈叹气了:"咱们家,吃得多,做得少,么时候才能不吃国家救济啊?"我见妈妈伤心了,赶紧说:"妈,我跟你去,我不怕丑了!"

说是不怕丑,走到荒湖野地看见同学来了,赶紧往草堆里躲,蚂蚁咬脸不敢动。时间一长,人们都知道了,我才不躲了。

《人民日报》1983年12月12日

进入21世纪,《南方人物周刊》记者万静波的《李敖 口诛笔伐六十年》,通过对话体,将犀利幽默、不羁机警的李敖栩栩如生地再现了出来。

人物周刊:最后一个问题,当最后那一天来临,您会在自己的墓碑上写什么？

李敖：什么都不写，我死无葬身之地。遗体我会捐给台湾大学医院，千刀万剐。

《南方人物周刊》 2009年第3期

三、互动社交新体式

新闻文体一直处在不断叠加丰富的状态，更多类型的文体形式出现，报道者可以借鉴多种类型来增加报道的生动性。其中，既有承自传统的访问记、小故事、集纳、巡礼，又有源自西方的解释性报道、调查性报道、精确性报道，更有基于新介质技术而生的融合类型。21世纪以来，随着互联网技术的发展，人们步入社交媒体、自媒体时代，博客、微博、公众号等成为新闻发布的重要渠道。国外则有Twitter、YouTube、Facebook等重要的新闻发布平台。各类自媒体、机构媒体基于平台特征形成特有的新文体形式，这些新形式具有平台性、互动性、数据性、及时性、短平快等特点，是移动新闻最典型的形式。

这种互动社交新体式已然成为移动时代主流的报道形式，主要包括以下几类。

1. 博客新闻

博客（blog）是网络日志（weblog）的简写，也叫网络日志、部落格等，是以网络为载体，表达个人信息、情感、言论和思想，实现个性化展示的一种综合性网络平台。人们这样形容它："博客就是个人网上的家"，"每周7天，每天24小时运转"，"以其率真、野性、无保留、赋予思想而奇怪的方式提供无拘无束的表达"。代表性的平台当属Facebook、《赫芬顿邮报》、新浪博客等。在博客平台或博客栏目上原创、改写或转发的各类新闻被称为博客新闻。

博客平台的出现大大推动了个人新闻生产发布的积极性，也推动了诸多传统或新兴的媒体在网站设立博客板块。继英国《卫报》开设新闻博客后，世界各地的记者可以随时把最新的新闻和评论发到博客网站，并参与读者讨论。热点新闻跟帖数很快上升，有些参与讨论者还为记者提供新闻线索。

博客新闻的基本特征有以下六个方面。

第一,个人性。博客新闻完全是个性化的,更倾向于以个人的视角和观点来报道新闻事件。博客新闻打破了当记者的门槛,每个人都可以在平台上建立自己的博客,写作、编辑和发表新闻,通过文字、图片和链接将个人对新闻的感悟、思考等全面展示给公众。博客平台具有多样化的模板,给用户提供个性化的个人风格,也因此具有千人千面的样式效果。

第二,创新性。博客新闻打破了传统新闻稿的写作格式,不再遵循传统的倒金字塔结构等规则,各类自由的文法都可以尝试。博客新闻还打破了媒体之间的障碍,传统媒体不再固守自己的渠道,而是可以多渠道共用,在博客平台上同时建立自己的账号,发布信息。

第三,社交性。博客新闻可以即时获得读者的回应,人们可以在博客新闻下留言交流、互相关注。博客披露一条新闻后,成百上千的评论者你一言我一语地进行补充,使更多的新闻线索被挖掘,事情真相逐渐浮出水面,既而传达给更多公众。2004年9月8日,美国哥伦比亚广播公司(CBS)《60分钟》播出了关于美国总统布什捏造服役记录的报道,次日就遭到博客强力质疑,最终迫使从业二十余年的主播丹·拉瑟道歉并退休。

第四,公开性。博客是一种弱关系连接,新闻一旦在博客上公开,就具有与传统新闻公共传播相同的效果,所有人都可以看到,既可以转发、分享,也可以留言、点赞。

博客新闻写作具有两个特点。首先,博客新闻适宜有较强留存价值的内容,不像推送新闻可以强制到达受众眼前,博客新闻需要用户打开固定渠道,往往要求他们有固定的收看习惯。因此,不适宜突发新闻等时间性过快、转发速度要求过快的内容类型,更适宜一些新闻评论或历史型、资料型的时间紧迫感不强的新闻类型,也适宜一些个人或机构自我披露的信息内容。其次,博客新闻打破了传统新闻格式,鼓励自由写作。个人可以选择特定的主题和风格,也可以基于个人角度进行新闻叙事,不必遵循严格的传统新闻事实与价值分开、评论与新闻分开等原则。

第五,模板化。博客新闻基于博客平台,被各大媒体用来作为进行多渠道发布的一个出口。博客平台提供了多样化的模板供用户选择,其中的新闻依据模板设置,需要填写关键词、标题等内容,自动带有评论留言板块,以及标签、关注、浏览数据、转发等多种互动装置可供使用。

第六,博客新闻的出现具有革命性。2001年9月11日,美国世贸中心被毁,相关报道最真实、最生动的描述就产生在诸多博客日志中。美国专栏作家安德鲁·沙利文说:"博客正在改变媒介世界,它可能酝酿出一场有关新闻在我们文化中将如何发挥功能的革命。"①在有关伊拉克战争的报道中,"Salam Pax"(和平)的网络日志记载了战地记者无法触及的围城之中的巴格达最真实的生活——从西红柿的价格到炮火的威力。他从巴格达家中向世界发送的鲜活的独家报道,几乎获得了全世界主流媒体的转载。2005年7月16日,英国伦敦地铁发生大爆炸,第一个拍摄照片和报道该事件的不是传统媒体,而是个人博客。伦敦《卫报》称之为"新闻程序的民主化",袭击中手机摄像头的使用标志着"平民记者"的真正诞生。

2. 微博新闻

微博即"microblog"的简称,是一个基于用户关系的信息分享、传播及获取的平台,用户可以在平台上发布文字信息。按照来源的不同,微博可以分为个人微博、机构微博等,比较典型的微博平台有 Twitter、Facebook、新浪微博等。用户在微博平台上发表的原创或转发的新闻就叫作微博新闻,又称微新闻。

微博平台扩展了报道者的范围,得到很多媒体的青睐,成为移动端新闻发布的重要渠道,大量机构媒体借助这一平台建设了自己的新闻通道。如共青团中央、上海发布等,还有小米、故宫淘宝、杜蕾斯等都建立了微博的企业资讯窗口,不仅传播本机构或博主信息,更将其作为品牌运营、用户沟通的重要渠道。

微博新闻具有以下五方面的特征。

第一,碎片化。典型的微博平台往往有字数限制,比如 Twitter 就限制在 140 字。这种制约推动微博新闻文字形成简略化风格,甚至新闻标题都被省略了。这种只言片语的形式符合现代人的生活节奏和习惯,能让受众快速、便捷、一目了然地了解消息,时效性较强。

---

① 转引自杜玲:《广电从业者怎样融入新媒体时代》,《新闻界》2010年第3期。

第二,社交性。作为一个基于用户关系的信息分享、传播和获取平台,微博上的新闻直接点击转发就可以实时分享,还具有位置追踪、互动关注、插件选择等多种功能。便捷的操作方法、创新的交互方式以及现场直播等优势使微博新闻具有很强的社交性。微博博主可以给关注者播报在线短消息,也允许指定用户跟随。用户可以根据喜好有选择地关注他人,形成多个虚拟圈子。微博新闻兼容大众新闻和社群新闻等多个传播范围,能够容纳并强调那些不被主流媒体注意的观众,并给他们一个平台,让人们通过非官方、非大众渠道发布个体化、小众化的内容。平台特殊符号的使用也便于用户进行信息归类和关键词归并。

第三,快食性。微博新闻的短小造就了微博新闻短平快的特点,小块信息往往很少承载深刻或复杂的内容。这虽然减少了用户的阅读时间,但久而久之,也可能会使用户无法长时间集中注意力或进行深度阅读。

第四,自主性。微博用户可以利用平台的公共性发布新闻,突破了专业媒体报道的主体限制。每个人、每个组织都可以申请账户,成为信息的发布者。这种自媒体属性可以使更多用户参与新闻的生产与传播。

第五,自我中心性。不同于传统新闻的第三人称写作,微博新闻具有更加自我的视角,有别于客观中立的立场,微博新闻有时会出现明显立场性或利益倾斜等问题。此外,微博新闻具有自媒体的现场优势,任一当事人都能以"我发现""我看到""我目击""我在现场"等因素直接成为新闻的第一落点。根据《纽约时报》的考证,第一个披露本·拉登被击毙的消息的,不是《华盛顿邮报》或美国广播公司等传统媒体,而是来自Twitter。基思·厄本(美国前参谋长)在Twitter上说:"一位有声望的人刚刚告诉我,他们干掉了本·拉登。太棒了!"

微博新闻的写作要求如下。

第一,言简意赅。微博新闻篇幅短小,要用尽量少的文字将新闻事实说清楚。在写作时要直接叙述一个新闻事件中最有价值的部分,将核心要点呈现给受众。

第二,选材典型,突出关键细节。在进行微博新闻写作时,要选取有代表性的事件来充实新闻内容。另外,细节的作用不可忽视,它更能打动受众。要抓住最能体现人物个性的引语,表现人物性格,使人物更加活灵活现,打动人心。

第三,符号化与个性化。要善于利用微博平台的特殊符号和语言风格。如大家默认的新表述方式、简化字或节略字,还有"表情+数字"等更丰富的表现手法。

第四,多媒体化。随着微博技术的发展,早期文字消息逐渐拓展成多媒体模态,在微博新闻写作中可以加入图片、短视频、照片、可视化元素等,也可以使用超链接,形成立体化的表达。

第五,重视互动。微博新闻最受受众喜爱的就是实时互动。在微博写作中,可以直接"@"提到的人或某一机构,感兴趣的受众可以根据"@"后面的提示自己选择是否点击获得更多的信息。新闻发布后网友会有大量留言,发布者也可以继续与读者留言互动。

第六,纠错调节。微博新闻具有可调节性,可以在传播发布过程中证伪纠错。如果被网友发现错误或者信息有变化,博主可以删除或改正原稿,并作说明。微博平台附有数据指标参考,诸如关注数、粉丝数、原创数、转发数、字数等,协助微博新闻生产者进行调节。

以上海发布的微博新闻为例。上海发布是上海市政府的官方微博,是区别于专业媒体的机构型新闻发布方,它这样定位自身:飞驰中构建城市蓝图;奔跑中传递城市变迁;信步时欣赏城市美景;闲坐时叙说城市故事。上海发布聚焦对上海市民的服务,主要提供市政、民生、教育、交通、天气、突发等本地化服务。它在表达上简单明了,易于理解、转发和分享。

上海发布作为典型的微博新闻,尽管短小,却凭多样丰富取胜。除了每日新闻摘编,还有各种可视化多媒体、短视频互动调研等形式,内容涉及情感安慰、突发传达、天气预报、学习成长、生活服务、政策传达等多个维度。

生动的创意是上海发布脱颖而出的一个原因,图片、表情包、数据可视化、动画等多种形式都很常见,更因创造出古诗体天气预报、小幅漫画等独特风格而受到欢迎。

上海发布重视互动性,常见调查、问卷、留言等多样形式。每个微博信息发布后都会出现大量留言,或咨询或点赞,或质疑或商讨。上海发布为此设置了一套快捷回应,关注者可以留言点赞,"@"发布者或围观者,对接互动。微博还设有热搜榜,关注到达一定数量后会迅速扩张,升级影响力。

3. 公众号新闻

公众号是各大平台用来承载机构、个人对外公开信息发布的专属号。公众号新闻是指为适应网络平台的新闻公众号设置而定期发布的新闻。由于平台的开放性，公众号推动诸多政府机构、企业组织、自媒体进入新闻生产阵营。

以微信公众号为起点，大量平台推出了公众号以承载新闻，诸如头条号、优酷号、爱奇艺号等，微信公众号一度成为新闻最重要的播发渠道。绝大多数媒体都注册了专号，还有大量小号用来转发媒体的原创内容。如《人民日报》海外版建立的"侠客岛"、《北京日报》建立的"长安街知事"等。

公众号新闻具有如下的基本特征。

第一，个性化。公众号新闻需要独到的定位和特色，彰显个性以建立品牌识别度，选题、标题、风格等要一致。比如，"侠客岛"作为《人民日报》海外版旗下的新媒体公众号，在庄重之外找到了更轻松的方式传播时政新闻，它活泼生动、简洁清晰的风格受到大众欢迎。公众号新闻不一定沿用消息的体例，往往与线下大报的重大题材和传统风格保持差异化，每个公众号都试图建立自己的报道体例风格。比如，与传统新华体的严肃、气势磅礴不同，新华社公众号则意在探索"诗意文字＋精良图像＋极简排版"的模式，让传播更迅速、更灵动。

第二，针对性。公众号新闻与传统线下新闻的明显差异在于后者为大众传播，服务于普遍的公众。公众号新闻更有针对性，主要服务于自己的关注者。比如，《北京日报》公众号"长安街知事"主要推送时间定在下午4点左右，以短新闻为主，由一群"接近核心"的小编为关注者提供时政新闻和靠谱的政事分析，解读常人注意不到的新闻细节，"脑补"有趣、有料的政治常识。

第三，互动性。好的公众号新闻要让人有分享欲。新华社发布的军装照，内容有趣，自带美颜，让每个使用者乐于转发分享，带来长期效应。公众号在发布文章后，编辑记者需要回复受众留言，根据用户意见调节内容生产。比如，公众号"固原大城小事"的编辑承认，通常用户接连看到几天负面新闻，就有意见要求多一点正面报道。公众号连接了交警、公安等，让现场执勤者同时担任信息传递者并进行现场核实工作。现场可以拍照核实并提供细节,以便公众号编辑联系相关机构的专业人士进行确认和深挖,同时回复大量用户求助,如关于交通法规的解读、查找投诉电话号码和具体机构负责人等。

第四,精选而凝练。微信公众号一般每天最多推送三次新闻,每一次的新闻仅有四条左右,这就需要公众号小编对新闻进行精挑细选。

第五,接近性。公众号新闻有别于纸媒新闻的庄重严肃,更重视用户的快捷接受,特别是要创意地探索多种表达方式,做到生动、接地气。

写作公众号新闻的基本要求如下。

第一,选题讲究时效性和贴近性。推文讲究时效,速度跟不上,推文成了明日黄花,自然鲜有人问津。贴近即追求贴近性,选题要贴近用户,从地理和心理两个维度拉近与用户的距离。推文选题建议具备如下特点:有情怀——推文应具有一定情怀,能引起读者的共鸣;有趣味——推文应使读者具有阅读的兴趣,要避免推文枯燥、晦涩、说教;有用处——推文应具有实用价值,或给读者带来新知识,或启迪读者;有品位——推文切不可为了追求阅读量一味迎合受众低级趣味而失去媒体的品位格调。

第二,标题要醒目、清晰、口语化。标题要强调时效、设置悬念、突出主题、抓住人的眼球。比如,"政知局"是中央政治局对外传播的官方公众号,其标题处理与线下纸媒的庄重严肃有所差异,更注意新颖题材。比如原标题为"中央书记处领导的百年团体,最近有了新调整"的新闻放到公众号上,则变成了"这个百年神秘组织坐落在故宫旁 由中央书记处领导",采用悬念法,对受众更有吸引力。

口语化和亲和力也是新媒体传播的一个重要表达方式,将切身感受放进标题会有意想不到的效果,如"突发""快讯"用"揪心""痛心"等有感情色彩的词语更加贴近受众,容易引起共鸣。

在"读题时代",读者最希望通过新闻标题直接判断该新闻是否能够满足自己的阅读需求。公众号新闻标题的关键词呈现应言简意赅,使读者通过新闻标题能迅速判断出新闻主题,从而决定是否进行阅读。短标题有爆发力,长标题有爆款可能。比如,女嫌犯"卿晨璟靓"因颜值高引起高度关注,有公众号用短标题《让她火!》,言简意赅,表达强劲有力。而长标题涵盖内容较多,可以在题目中设置悬念,容易产生长尾传播效应,达到更优的传播效果。

标题应简明，以实题为主。微信公众号的标题通常要求以实题为主，主题明确，方便读者停留在公众号首页时立即被吸引。标题往往采用主谓结构，说明新闻事件的 Who、What 等关键要素。由于微信公众号的界面特点，公众号新闻通常分成首要新闻和次要新闻，但都有与网络新闻接近的单行标题处理的要求，这样用户在看到公众号每期封面时就能直接了解本期全部新闻条，然后决定点击想要看的那一条。

第三，语言晓畅，深入浅出，通俗易懂，还要注重图文配合。由于移动网民的年轻化与个性化，他们更愿意接受独特的语言和个性彰显的公众号新闻形式。

与常规的移动新闻一样，移动新闻受众往往不耐手机翻屏，建议新闻内容不要超过 4 页，而且受众习惯两段左右文字间插一张图，包括插入表情包图片。受众对新闻的事实性要求与传统新闻一致，但对情感性和立场性更包容，因此，可以针对服务的受众加入一些个性化、情感化、服务化的内容。

进入新闻页面后，由于手机屏幕的特性，公众号新闻除往往重视标题之外，与普通消息写作一样强调倒金字塔结构，也就是重要价值点前置——开头要精彩，结构要清晰。有些特色鲜明的公众号会形成自己的独特界面特色。例如，"侠客岛"的小标题都设置成一个词，黑体加重，强调隔断；文章的段落都非常短，精简非常重要。基于手机屏幕的尺寸，往往两三段文字就要配一张图。因此，要符合新闻的简要性，每段讲一个内容，两三句话即可，多采用简单句和跳笔形式。

第四，极简杂志化版型。通常，一张大图下面是一条配小图的标题，这种版式削弱了信息轰炸造成的抵触感，同时，为重大的以及具有较强吸引力的新闻留出了足够的注意力空间。四条新闻往往都是当天较为重大的新闻，以国内新闻为主，而且常常是超过 800 字的长新闻，极少有少于 500 字的消息。受众浏览消息标题之后，能够通过点击标题获得足够丰富的信息，这些信息的阅读与否在于受众的选择，此时的时间成本和流量费用成本都是用户自身愿意承受的消耗。精选和凝练让公众号新闻能够走得更远，传得更广。

第五，标签化。公众号推送的新闻标题具有"贴标签"的特点。所谓"贴

标签",就是对推送的新闻进行分类,使读者对新闻的类型更加明确。一般贴标签的新闻标题形式是"特点|具体标题"。例如,2016 年 3 月 30 日,"老北京城"公众号推送了一篇新闻,标题为《讲述北京|老北京城最后的副食店》。"讲述北京"说明此新闻讲述的是北京独有的文化故事,而符号"|"之后的"老北京城最后的副食店"则说明新闻具体讲述的是北京副食店的故事。标签化命名的新闻使新闻的分类更加明确,便于读者快速找到感兴趣的新闻,提高了读者的有效阅读。

2017 年 6 月 21 日,新华社"法人"微信公众号一条题为《刚刚,沙特王储被废了》的短新闻在网上走红(见图 4-1)。这条报道走红并非由于新闻内容本身,而是编辑与网民之间的热烈互动引发了围观,并在朋友圈刷屏。10 分钟内,这条公众号新闻的阅读量已突破 10 万,当天阅读数突破 800 万,点赞数也突破 10 万。新华社"法人"微信公众号 24 小时内涨粉近 50 万,成为当日网络现象级话题。这一案例集中体现了公众号新闻的新特点,凸显了移动时代新闻生产的变化。

图 4-1　新华社"刚刚体"

首先是个性化表达更受青睐。在《刚刚,沙特王储被废了》一文的跟帖评论中,网民发问:"就这九个字还用了三个编辑?"这条调侃的评论瞬间激起读者共鸣,新华社小编的回答更是让人眼前一亮:"王朝负责刚刚,陈子夏负责沙特王储,关开亮负责被废。有意见???"在互"怼"成风的网络语境中,新华社小编的解释既硬气,又不失诙谐幽默,可以迅速赢得网民的好感。

其次是交互式生产。移动智能背景下,转发分享成为新闻传播的重要方式。公众号新闻的互动性和开放性决定了一个新闻作品的刊发或播出只是它传播的开始,好的新闻报道可以引起网民共鸣,引起广大网民的共同参与和分享传播。"沙特王储被废"的原新闻内容在小编与读者的互动中创新出新的新闻文本形态,每一次精彩对话都是新的新闻生产,交互式成为新闻生产的重要方式,也因此生成了公众号新闻的独特特色。

最后是数据化调节。公众号内置的数据跟踪可以让媒体了解自身的运行状况。阅读次数、阅读排行、在看量、点赞量、在看最高、点赞最高等记录非常明了,而且可以根据累计数据判断受众的阅读趋势。还可以根据粉丝上线习惯、点赞偏好等进行用户特征分析。生产者不再是单向输出,而是可以根据用户数据调节生产传播策略。

4. 手机推送新闻①

推送新闻是指媒体通过专用软件或通道,将新闻信息推送到受众面前。在互联网早期,往往以门户网站小窗口模式送出;移动时代,推送形式和到达终端的方式较为多元,既沿用了早前的手机报和短信新闻形式,也出现了屏推新闻形式。

手机报新闻是指传统媒体(一般以各大报社和通讯社为主)利用手机彩信功能,通过移动通信机构主动向用户发送特别定制的彩信新闻。一般一条彩信能够容纳几条到十几条新闻不等,而每条新闻的内容则是经过精简,以涵盖主要新闻要素的文本和清晰度较低的图片的消息。

短信新闻是指通过手机短信息的方式推送的新闻,文字容量有限,往往沿用传统的短消息或一句话新闻模式。与传统新闻不同的是,其可以复制、转发、分享,甚至可以链接。这种形式目前在欧美、东南亚等地较多见。

屏推新闻是指专门推送到智能手机屏幕最前端的新闻。屏推新闻往往来自专业新闻媒体,一般与手机运营商有稳定协议,会在当日发生重大事件或突发紧急事件时进行首屏新闻推送。由于时间性和屏端文字容量有限性,往往是传统新闻的简讯版,简单的一句话新闻,没有标题。专业媒体往往在将日常消息进行"瘦身"后直接将文字推送至屏首。与短信新闻不同的是,屏推新闻可直接点击链接跳至新闻的正文,关心相关事件的用户可以在新闻网页中继续探究事件的更多详细内容,也可以留言互动。

移动推送新闻的要求如下。

---

① 华健、黄显文:《移动网络时代的推送新闻——以微信新闻为例》,《军事记者》2013年第7期。

第一，重视新闻价值。推送信息带有一定的强制性，要让这种强制性的负面效果降到最低程度，必须有重大的新闻价值进行抵消。推送的新闻往往是当日最重要的新闻事件或突发类的急需被受众知晓的新闻。

第二，内容简洁凝练。专业媒体往往在将日常消息进行删减后直接推送文字，由于可以推送到智能手机屏幕的容纳字数有限，此类新闻往往以文字短讯的形式出现。

第三，少而精。每一条新闻的内容要足够吸引受众，促使受众点击标题进行深入阅读。从新闻价值规律上说，有些吸引受众的因素是共通的，如重要性、显著性、趣味性等。如果在推送新闻时尽可能地包含这些信息，则能够让推送的新闻在获取受众注意力的同时，达到实实在在的传播效果。考虑到受众注意力的有限性，屏推新闻每天最好不超过五次。

移动新闻新形式的特征与其所搭载的平台介质密不可分，它们各有特色，但又都具有公共性和社交性的写作共性要求。

以福建交通广播FM100.7《一路畅通》节目的两条微博报道为例。

今日话题：近日，石狮公安局官方微博发博文悬赏1万至3万元的人民币或Q币作为缉拿凶犯的奖励，一时间引发网友的热议，那么您对Q币悬赏有何看法？今天下午17点《一路畅通》，我们一起围观讨论，敬请锁定FM100.7！

@fm1007福建交通广播：近期森林公园后门逢周末必堵。原因有三：① 自驾车游客太多，停车场爆满造成长时间等车位占道拥堵；② 单向堵后因路小，公交车出不来，致双向堵；③ 路边随意停车，小问题刮擦互不相让。建议车友周末适时改变出游计划或选择错峰出行。

福建交通广播FM100.7《一路畅通》节目的渠道主要在移动端口，由广播、网站、微博、公众号组成，主要服务于当地车友，内容主要是及时报道重要的路况信息及与出行相关的新闻消息、交通政策法规等。社交平台属性令其重视受众的互动参与，将当天节目中准备和听众讨论的话题提前发布在微博上，让关注者围观讨论，既为节目宣传，又为节目主持增加了不少素材。此外,微博的140字限制和激烈的眼球竞争导致报道的字数要少而精,简洁实用、服务精准的信息才能带来用户黏性。

当前,各大媒体新闻报道的移动端分发主要在社交平台和公共平台上,微博和公众号占比最高。这些平台上的报道既要求内容具备移动新闻的专业共性,遵循真实性、时间性、简洁性、重要性等基本要求;又要求内容兼具公共性和社交性等新属性。

新闻写作者要能理解新报道类型的公共性——对话实时发生,多重立场博弈。与传统新闻的单向传播不同,公共社交新型报道在文稿发布的同时就进入了公共领域,被用户观看、转发、评价、批评,甚至被核查纠正。用户的利益差异和立场多样性会导致同一条新闻受到不同身份、不同利益关系的用户的反向反馈。这就要求新型报道的处理要遵循公共交流通则,注意平衡与适度。所谓平衡,就是与专业报道的要求一样,考虑受众的多样性,从多个维度、多个立场进行表达,不能有明显的偏倚和倾向性。所谓适度,就是要考虑公共传播的影响效果,报道要有限度,防止错误认识或偏差出现。同时,还要考虑未成年人的判断力缺失、报道涉事方的隐私暴露、利益相关方的对立意见等。

社交属性对分享与互动有较高要求,即报道者要乐于分享,勤于交流,长于反思,开放心态,广泛接纳受众意见。每个平台都有约定俗成的表达规则和专属标识,要擅长使用它们,以获得读者的接纳与认同;乐于尝试不同的风格,善于利用多样性的文字、图片、音频、视频等,从多个侧面直抵事件核心;积极反思,不断调整自己的报道策略,练习为特定受众写作的能力。

基于公共平台或社交平台出现的移动新闻新类型并不固定,目前处于不断推陈出新的进程,这就需要报道者有良好的应变性,长于学习与接纳,敢于自我突破。注意力竞争的时代,大多数平台都要求简化处理文稿,尽量做到凸显价值,留骨取肉,或者采取分层传播的手段,满足不同层级的需求。个性化与人性化是当前时代的特征,因此,建议新型报道增加诙谐幽默的短语与双关元素。

第五章

多媒体新闻制作

移动新闻应重视多媒体呈现，图文并茂，除了文字处理外，静态或动态图像都是重要的新闻呈现方式。

当下比较常见的是移动可视化新闻、移动摄影新闻、移动短视频新闻和移动直播新闻。此外，还出现了无人机新闻、机器人新闻、虚拟现实新闻以及传感器新闻等新兴多媒体形式。

第一节 移动可视化新闻

一、移动可视化新闻的概念

可视化是通过各种技术手段将新闻内容视觉化的报道形式。一些媒体通常利用计算机图形学和图像处理技术，将传统新闻信息转换成图形或图像在媒体上显示出来，并进行交互处理。

可视化新闻是指采用图形或图示等方式呈现新闻事件的报道形式。移动可视化新闻则指通过智能移动设备进行可视化制作的新闻或呈现在移动终端的可视化新闻。

移动可视化新闻具有新闻性、可视性和移动性三重属性。第一，移动可视化新闻首先具有新闻性，都具有新闻的基本要素——5W1H等，并遵循报道的基本原则——真实准确、客观中立、平衡公正、信源可靠等，而且还要具有新闻价值——新鲜性、真实性、简洁性、重要性、时间性、接近性等。第二，都采用可视化手段,通过技术方式将新闻事件或元素通过视觉化方式呈现出来,因此与静态的文字新闻区分开来,也与动态的音频新闻、视频新闻区别开来。第三,在移动优先时代,移动可视化新闻首先适用于手机移动端口,具有小屏化、社交互动性、具身体验性等特质。

1. 移动可视化新闻的基本特征

第一,视觉化呈现。采用视觉化图形简单清晰地呈现复杂信息,通过可视化方式赢得稀缺注意力。从心理学上来说,人们通常接收的六成以上的信息是通过视觉,因此,可视化手段更有利于提高新闻的吸引力和阅读效率。

第二,数据化。移动可视化新闻的独特性在于以数据挖掘和处理为主体来呈现信息,适用于具有鲜明具象或数字基础的新闻。

第三,简明。采用视觉化图形,简单清晰地呈现复杂信息。

第四,移动端适配。可视化新闻首先基于智能手机的屏幕适配进行设计呈现,利用手机滑屏或语音控制进行翻页或者互动。

2. 移动可视化新闻的分类

首先,从制作手法来看,移动可视化新闻主要包括信息可视化和数据可视化两种类型。

信息可视化新闻是将数字、文字等原始信息进行重新组合后,用极富设计感的静态或动态图形、图像呈现出来,旨在为人们提供解决问题的方式或发现信息之间的关联。信息可视化生成的新闻也被称作图解新闻,如《When Sea Levels Attack!》(图5-1)等。

数据可视化新闻是指运用技术手段将抽象数据变为可视化新闻的过程,旨在借助图形化手段,更清晰、有效地传达信息。它更偏重揭示信息之间的关联,而非单纯实现可视化过程。数据可视化生成的新闻也被称作数据新闻。

其次,基于技术的差异可以分为四类:数据新闻可视化、可穿戴设备新闻、实时交互视频新闻、虚拟现实技术驱动新闻(AR新闻)。

移动可视化新闻的形式非常丰富,富有创意和包容性,常见的有以下五种。

第一,时间可视化。描述报道对象在时间上的差异变化,以时间轴较为典型,例如,《汽车乐土》巧妙地利用大富翁棋盘阐释了汽车的发展史。

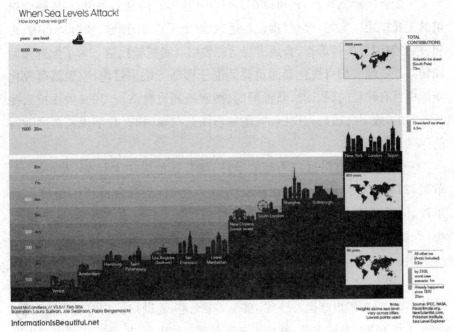

图 5-1 《When Sea Levels Attack!》部分图示①

第二,空间可视化。将空间位置的距离、高度、面积、区域按照一定比例高度抽象化的空间组织模式图,常见的有地图、导视图及器物结构图等。

第三,推导可视化。描述整体事件因果关系及逻辑变化的情况图,如数据新闻制作流程图。

第四,关系可视化。通过人物关系或者事物间关系的图示呈现新闻要素或价值,比如"中石化事件"出现后北青网推出的关系图。

第五,对比可视化。通过正反、先后、新旧等图示呈现新闻信息。比如,《中东危机:谁支持立即停火?》是 2006 年夏,在黎巴嫩和美国冲突的背景下,各国关于停火的态度比较。整图分为是、否两栏,内置各国国旗图形。同意的有上百个国家,持否定态度的仅三国,对比鲜明。

移动可视化的新闻应用手段多样,既可以是报道的完整形式,也可以是

---

① 参见《When Sea Levels Attack!》,Information Is Beautiful 网,https://informationisbeautiful. net/visualizations/when-sea-levels-attack-2/,最后浏览日期:2020 年 7 月 28 日。

与文字配合的辅助信息,还可以作为整合其他形式信息的手段,构成融合报道的主要框架。比如,央视《据说春运》就融合了直播、图解、实时动态图、视频、声音解说等多种形态,合成了春运的数据新闻视频报道。为了配合移动端转移,PC端大型可视化新闻也要适配于移动屏端。目前,中国的可视化新闻栏目有网易的《数读》、新浪网的《图解新闻》、腾讯新闻的《数据控》、搜狐新闻的《数字之道》、人民网的《图解新闻》、财新网的《数字说》、澎湃新闻的《美数课》等。

可视化新闻可以适应不同的条件,倘若其他表述太复杂、太冗长、太单调,即可选择简明突出的可视化方式。比如,胡润百富榜的榜单比较单调,但某杂志将前十位的富豪头像列出,根据财富多少绘制头像大小,再加上简单的名字、企业、金额,就能生动地让人记住这些信息,一目了然。

某些复杂情况下,图示更容易被辨识。例如,在呈现博物馆展品参观率时,如果仅用文字很难让人理解,列表又很无趣,而画出博物馆文物陈列图,列出每个文物的参观次数,就变得非常直观。如果更进一步,还可以用不同彩色说明具体参观率,使其对比更加鲜明。

就受众而言,部分人士更宜图表认知,如儿童、外国人、文化层次较低的人、非专业人士等。以《满毒全席》(图5-2)为例,对于普通公众而言,只要标注清楚信源,就无须进行科学论证,只要将餐桌上常见的有毒食物绘制出来,标明品名、毒性(用星星表级别)、成分、效果以及成本,就可以将用户关注的核心问题全部揭示。

二、移动可视化新闻的制作方法

移动可视化新闻的制作流程可以细化为以下步骤:新闻主题发现—调查研究及相关数据抓取—数据汇总及清洗过滤—分析挖掘—探索展现形式—创意草图—编辑—交互式设计—验证—可视化呈现—故事化讲述。这需要设计师、编辑和数据分析师的通力合作,步骤并不一定是线性的,还可以是一个循环过程。

首先,多渠道查看资料,将与某个新闻选题有关的内容全部收集起来,

第五章 多媒体新闻制作

图 5-2 《满毒全席》①

根据5W1H六要素建立坐标、分类材料。其次,采用视觉分类筛选简化素材,思考从中获得的最深刻的见解是什么,并做选题设计。信息目标既可以是一个新闻热点,如中美贸易战、明星逃税榜等;也可以是知识科普,如中国护照科普、防疫科普;还可以是流行语、排名、趋势等有新闻价值的内容。话题范围可以更深远,如潜伏中的下场金融危机、隐藏在日常使用的产品背后的经济学等。可以将这些内容设计成一目了然的图表。

---

① 参见《满毒全席》,搜狐网,http://news.sohu.com/s2013/dushipin/,最后浏览日期:2020年7月28日。

— 123 —

提炼好基础信息（数据）和整个逻辑框架后，聚焦信息分析挖掘，提出问题。依据新闻的5W1H原则，将具体时间、地点、当事人、事件、原因、过程整理清晰。

在探索展现形式时，要整理逻辑，画出框架。设计者要找到恰当的图表准确呈现，可以有PPT组合图总——分结构、总——分——总结构、分——总结构，也可以做成流程图、时间线、地图，还可以做成单图，比如饭桌上有多少"有毒"食物，甚至可以做成对比图，比如电影三部曲的热门程度。此外，还有复合式，包括标题＋各种图示结构＋出处、数据来源。

任何图示都要有清晰准确的标题、比例尺、信源出处或数据来源，不同的图形用于表示不同的逻辑关系。例如，柱状图适宜描述分布，雷达图适宜表示综合信息，饼图适宜表示比例，折线图适合表示趋势，点状图适合表示相关性分析。图示要恰当地对应文字表达，这样才有利于受众理解，比如将目标图像化、数量图表化，时间推移用时间轴处理，空间位置用布局图处理，影响原因用流程图处理，逻辑关系用多重变量图处理。

创意草图绘制时，要将新闻主题和内容设计转成生动可感的图形或图像，并进行交互处理。交互处理时，可以制作留言区，设置动作、滑屏等多重组合，预留转发分享键等。直观化处理可以将指标和指标值可视化，构建一目了然的场景，突出文章想要展现的关系。

以男女比例的可视化为例（图5-3）。首先，将指标（男性、女性）可视化根据最简化原则找到最简图表，为了突出比较，各自用不同的颜色代表；其次，在指标图形化的基础上进行指标值可视化，表示八成男性时用了8个蓝色简单图表，表示两成女性时用了2个红色简单图标；最后，要构建一个令受众一目了然的场景，将指标关系可视化。所举案例主题要表现的是男性比女性多，所以画了跷跷板：男性数量多，在下面，女性数量少，在上方。当然还可以采用天平、拔河等方式，也能一目了然。

工具辅助即借助专业的软件程序辅助记者完成数据抓取、处理、分析和可视化呈现。常用的可视化工具有Visual.ly、StatSilk、infogr.am、Gliffy、ichartjs、Dipity、Google Chart Tools、D3.js、Many Eyes、Exhibit、Timeline、Leaflet等。

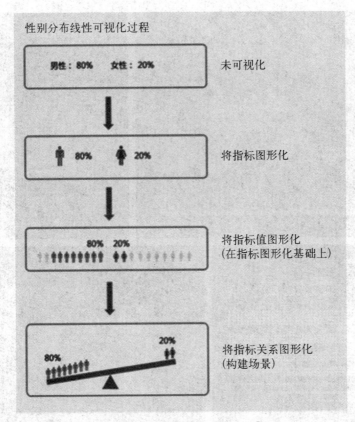

图 5-3 男女性别比例可视化①

图 5-4 是一个 H5 数据可视化报道,其背景是 2017 年台风季来临时,澎湃新闻通过对建国以来台风的主要路径的整理呈现②,帮助人们发现台风规律,以实现提前预防。

这样的选题非常重大,对数据要求比较高,要获得历年的台风数据,就要找到权威数据来源。通过中国气象局热带气旋资料中心,澎湃新闻获得了 1949—2017 年的台风路径数据,主要是 Excel 表格形式的对外公开数据和 1949—2016 年最佳路径数据集的打包文件。表格中包含年、时间、次数、经纬度、热量、风力、名称等指标的详细数据。

---

① 参见《数据可视化 6 步法》,2013 年 3 月 7 日,CSDN 网,https://blog.csdn.net/weixin_34367257/article/details/86184835,最后浏览日期:2020 年 7 月 28 日。
② 谢雪艳等:《新闻可视化:概念、现状、未来与争议》(内部讨论资料)。

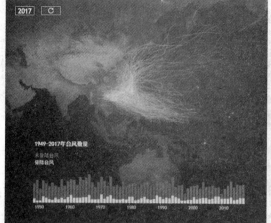

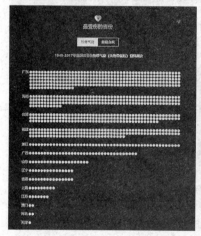
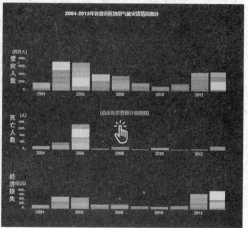

图 5-4 《数说台风 69 年》①

创作者经过数据整理，分析出几大重要数据：历年每次台风中心的行走路径，历年各省份的热带气旋数量，历年各省份台风登陆频次，历年各省份受灾经济损失，历年各省份受灾人数、死亡人数等。

可视化团队针对移动 H5 屏幕的大小设计了多种图示效果，如组合图、对比图、分类图等，经过比较找到了三组图示方式。第一组，用柱状图呈现 2004—2013 年各省份热带气旋灾害情况统计，包括受灾人数图、死亡人数

---

① 参见《数说台风 69 年》，澎湃新闻，https://h5.thepaper.cn/html/interactive/2017/typhoon/index.html，最后浏览日期：2020 年 7 月 20 日。

图、经济损失图等。第二组,用圆点组图显示 1949—2017 年我国沿海省份热带气旋(和超强台风)登录频次,一个圆点代表一次,按照总数多少进行成列排序。第三组是主页图,即 69 年台风路径示意图。以中国大陆架为地图基底,上面绘有每条台风的运动线路,并通过时间轴显示各大台风的流动变化。

图示将台风级数范围分成热带低压、热带风暴、强热带风暴、台风、强台风、超强台风等不同程度,配以相应的颜色深度、亮度和线条粗细,对超强台风威马逊、莫拉克、桑美等单独绘制,呈现出非常精准的台风路径示意图。

该可视化作品数据精准,台风路径清晰可辨,效果非常显著,具有重要的历史价值。随着每年台风数据的补充,这个图示还可以不断增补,成为中国台风历史的重要可视化记录,在每一次台风季都可以成为季节性新闻的背景信息。

三、优秀移动可视化新闻的基本特征

优秀的移动可视化新闻作品往往需要出色的选题,报道准确清晰,直观简洁,具有分享互动性,并敢于创新突破。

1. 选题价值大,表达重点突出

在延续传统新闻选题要求的同时,更要注重新闻价值。一方面,选题应适宜可视化呈现和移动端使用;另一方面,视觉化呈现要有显著效果,而不是对抽象概念的简单罗列。优秀的移动可视化新闻往往直奔主题,重点突出;不重要的内容应被剔除干净,不浪费用户的时间在逻辑分析上;采用视觉强调或者动态手段突出重点,如通过变色、变位、比较、拆分、移动、交互等方式突出强调;作品画面聚焦应清晰,每个画面只讲一个内容,不能存在内容混杂、干扰读者的状况。

2. 新闻要素完整准确,数据符合事实,图示清晰

优秀的移动可视化新闻需要具备优质新闻的基本特点,满足基本要素;同时,可视化新闻内含大量数据,因此,优秀的作品需要确保数据准确,比例程度恰当,图示符合实际。

3. 化繁为简,借助视觉化方式直观呈现复杂信息

相关数据的收集要科学合理,数据呈现要科学准确。文字表达应根植于可测量的事实,客观理性,且不会过分搅动受众情绪。比如,《震撼!一张长图带你领略港珠澳大桥》以记者现场报道为基础,以实景长图为可视化手段,高效直观地呈现了长达55公里的港珠澳大桥的全貌与细节,深藏独家信息,将枯燥的数据和新闻背后的复杂逻辑转化为直观易懂的图形。优秀的图示往往直观简约,信息、颜色、字体、字数、线条、排版等风格统一,整体视觉令人赏心悦目且表意清晰。图示简约至上,易于理解,符合逻辑,用直观的方式引导读者阅读数据。

4. 适配手机小屏化呈现

一方面,作品要适应移动用户的接受习惯,采用多媒体等方式生动再现,有故事性,有参与性;另一方面,作品应具有互动性、智能性、参与性等移动端技术优势和体验优势,为用户提供感受流畅的交互体验,增强他们的参与感。

5. 设计体验独到创新

选题在内容形式的表达以及视觉设计、互动体验和应用技术方面应有独到的创造力,具备个性化、新鲜性和冲击力,体现良好的原创力。比如,通过适当关联和类比,让图表活起来。在制作可口可乐年报时,设计者将饼状图改成可口可乐瓶盖图,以制造关联感;在比较不同品牌的咖啡因含量时,又把饼状图更换成咖啡杯口的形状,使咖啡色和泡沫的白色形成对比色。还可以营造场景,比如比较7座最高山峰的高度时,可以将柱状图改造成三角形山峰形状,直观呈现高矮,图中甚至可以映现各山景色,营造雪山场景,让读者有身临其境之感。

移动可视化新闻的生产制作成本较高,周期较长,因此需要关注报道价值较高的新闻事件。澎湃对好人耀仔(以身殉职的福建古田村支书周炳耀)的报道(图5-5),一方面在于对榜样人物的推崇,另一方面在于这样的素材适宜使用可视化手段呈现。

移动新闻首先要具有事实性和准确性。关于耀仔的报道并不是由绘图师一人想象的,而是文字记者、摄影记者、视觉记者和互动记者等团队合力完成的结果。记者们多次亲临现场了解整个事件,拍摄下关键情节和关键

图 5-5 《好人耀仔——一位宁德村支书的 45 岁人生》可视化新闻作品部分截图①

场景的实景效果,并且找到当事人生前的照片,以及其他相关人的真实照片和形态的影像,绘图师最终根据实际状况进行人物形象的定型及关键画面场景的确定。

同时,可视化需要设计,要有美感、创意、情感,更要有故事感。在了解整个事件之后,制作团队选择了耀仔在当夜洪水来临时救人的关键情节作为故事核心。在设计画面时,绘图师选择了连环画模式,沿着耀仔的行走路线进行故事情节线索的铺排。为了设计可视化效果,设计师做了多组设计图,最终选择了更有视觉冲击力的表现手法。这个报道的故事线索清晰,如同人们小时候看的小人书一样,生动、完整。

报道的互动部分由设计师在画面重要部分添加了互动建议,再由互动组基于技术支持有所调节,协商后形成了几个重要的互动环节。整个页面根据移动手机屏幕的特征设计出适宜滑屏阅读的画面行进路径,通过一格格的手绘将关键画面和动作定格,配有流畅的音乐为背景,辅以光线的明暗变化,流淌出不同情节下的节奏和情绪。字幕风格动漫化,重要的声响或语言表达用文字呈现,更多是通过手绘图片的流转将故事完整地讲述出来。读者可以滑屏阅读,速度快慢可自行掌握。

一般的移动可视化新闻往往重视数据图形化,整合和阐释力较弱,在信息整合和告知的功能上有欠缺。但在对好人耀仔的故事处理上,前因后果

---

① 参见《好人耀仔——一位宁德村支书的 45 岁人生》,澎湃新闻网,https://h5.thepaper.cn/html/zt/2016/10/gutian/index.html,最后浏览日期:2020 年 7 月 28 日。

都非常完整,这与记者深入现场全面了解所费的精力密不可分。

很多新闻的互动能力较弱,主要依托静态图表或者视频记录,而好人耀仔的设计创意很有高度,在乡亲们对耀仔进行回忆的页面,采用多人手绘简笔画像的并列结构,原图来自记者在当地对话当事人时拍下的照片。因此,手绘形式有点睛的作用,真实生动,点击每个乡亲的画像,就会响起这个人的几句话,朴素感人,不同乡亲对耀仔的回忆既真实又令人心酸。这个可视化新闻报道的互动做得不复杂,却很到位,不是炫技,而是唤起读者共鸣,使他们沉浸其中。

第二节 移动摄影新闻

一、移动摄影新闻概述

移动时代先进的数字信息传播技术使新闻照片在质量和数量上都有了大幅度的提升,新闻照片在全球化时代发挥出"世界语言"的先天优势,开始与文字报道平分秋色,成为新闻客户端越来越重视的元素。从界面布局上来看,大量主流媒体客户端喜欢使用占半个手机屏幕甚至更大的图片来呈现当日的头条新闻;在总体内容的排布上,媒体也喜欢大量使用大图呈现。公众号新闻大量采用图文并茂的首页版式,内文版式也热衷在两段文字后添加图片。这些图片不仅包括事件相关的摄影图片,还包括各种情境接近或情绪接近的图片或表情包。平台发布门槛的降低和手机摄影方式的便捷,使得人人都可以成为新闻摄影师,移动摄影新闻的时代开启。

移动摄影新闻是指使用智能手机或其他移动设备拍摄的新闻图片,或者是优先在移动设备上接收的摄影新闻。

移动摄影新闻具有三个向度:第一,具有所有新闻应该有的基本要素,客观、真实、准确等,并具有简洁、重要、迅速等新闻价值;第二,具有摄影新闻的基本要素,使用瞬间性的画面定格来记录新闻事件和关键要点,采用光、影、色等的变化来进行内容和主题的表达;第三,适配于智能手机,符合小屏、社交、即时、即地等特性和需求。

移动摄影新闻的基本特征有如下五点。

第一，快捷。一方面，相比传统的相机拍摄，手机小巧便捷，存储量也不小，而且很可能不被注意到，更容易抓拍。很多手机自带编辑功能，可以很快地处理图片。另一方面，软件替代硬件。手机 App 替代相机硬件设备成为拍摄的核心部件，照片后期处理也不再用 PS 等复杂操作，增加滤镜、剪切操作等功能一键可得。

第二，小屏化。手机屏幕大小有限，不如传统新闻摄影对画质要求那么高，因此放宽了对图片的质量要求。

第三，随时随地拍摄、发布。手机拍摄迅速，并且可以利用 App 编辑处理，在速度竞争方面更有优势。移动摄影作品可以直接通过手机联网外传，实现社交裂变式传播，使传播层次和范围更深、更广。一个手机即可完成拍摄，特别适宜在突发事件或目击现场迅速抓取关键画面，凸显实质证据，当事人或目击者可以直接拍照留证或立即公开公告。

第四，个性化。专业新闻摄影往往要求客观中立，但移动摄影新闻的摄影主体范围拓宽，大量的公民摄影记者出现，虽然技术上和经验上有所欠缺，但人数和照片数量远超职业新闻摄影师，而且常常因为接近新闻现场或者鲜明的个性在竞争中胜出。

第五，社交性。移动新闻摄影主体和对象彼此之间的关系并不是反映和被反映的关系那么简单，拍摄过程更像一次交流，这种独特感受拉近了镜头两端的距离。拍摄后的照片也会进入交互流通的过程，不断被再转发或处理改造，形成液态的传播形态。

2005 年 7 月 7 日，英国伦敦发生地铁和巴士连环爆炸案，智能手机使许多爆炸幸存者成为记者，他们用手机拍下了许多爆炸现场的图片（图 5-6）。伦敦《卫报》称之为"新闻程序的民主化"，袭击中智能手机摄像头的使用标志着"平民记者"的真正诞生。

二、移动摄影新闻的制作方法

移动新闻摄影的工具特点、终端效果与传统的新闻摄影生产不同，但制作时对光、色、影的要求一脉相承。

图5-6 伦敦爆炸案目击者用手机拍下的现场照片(来源:《泰晤士报》)

1. 掌握工具

移动摄影新闻的呈现终端为手机端,但生产工具可以是智能手机,也可以是卡片机、复杂的"长枪短炮",甚至是无人机等移动设备。摄影师需要了解不同的模式和效果,比如,智能手机摄影中摄影框和速度的选择、颜色、光线等的程度可能形成的差异化效果。遇到突发事件时,摄影师应设置自动模式,方便抢拍。

多数手机都有对焦和调节明暗度的功能,拍摄时可以借助人脸识别功能,自动调焦。对焦时用指尖轻轻触碰手机屏幕上的小方块,手机镜头即可自动对焦,待被拍摄的物体图像清晰可见时,方可轻按拍摄键(快门)。手机感光元件尺寸小,对焦比相机慢,所以要注意拍摄姿势,不能手抖,最好双手握持手机或者依托稳固支撑点。

在突发报道中,手机拍摄能记录真实,但往往光、色等效果不佳,拍摄者需要在平时大量训练,了解突发拍摄时的工具特点,了解人的运动轨迹和人的心理,尽早准备,找到最佳抢拍点和抢拍角度。

手机摄影可以搭配一些配件,比如鱼眼镜头、广角镜、微距镜,甚至全景镜头,可以拍出更丰富的角度。

2. 理解光影色彩构图,适配手机终端

移动新闻摄影在光影色彩和构图方面与传统新闻摄影有异曲同工之

妙,但需要注意手机终端的适配效果。智能手机具有的智能功能有助于拍摄者的抢拍和调节。

受众的手机屏幕较小,需要考虑适当的曝光或景距。景深层次不宜太过丰富,要通过小框来显现新闻焦点,对大背景的呈现尽量回避。一般来说,将焦点对准中景位置,可以避免杂乱的前景,画面会比较完整。功能强的手机一般都支持不同场景下的模式选择,如普通、智能、微距、人像、风景、运动、夜景、雪景等,接近专业的数码单反。拍照前要调到对应的场景,便于机器找准最恰当的光圈、焦距和快门时间,控制好白平衡。

大多数手机由于镜头小,很少有光线变焦,要想把主体拍大一些,就要靠近主体。拍摄者应移步于每一个想要记录的场景,不放过任何一个绝佳的拍摄角度,也许会有意想不到的收获。在熟练掌握操作技能的同时,需要考虑如何与新闻内容有机结合。《高空救人》(图 5-7)充分利用了航拍俯瞰视角的冲击力,突出了营救瞬间的惊险而不抢戏。

图 5-7 新闻摄影作品《高空救人》①

---

① 参见《高空救人》,2019 年 6 月 23 日,中国记协网,www.zgjxw.cn/2019-06/23/c_138118592_2.htm,最后浏览日期:2020 年 7 月 29 日。

手机屏幕比较小,拍摄时一定要保证画面简单干净,主题明确,主体清晰,读者一眼就知道拍摄者意图。不要让不需要的画面入镜,这样拍出来的作品看起来不杂乱,拍摄背景干净。手机的景深控制有限,不容易虚化背景,主体在后景时,可以降低手机的角度,把焦对在后景,让前景虚化。切记不要把画面撑得太满,如果摄影主体充满画面,缺少空间会带来压抑感,而且不利于后期制作过程中进行裁剪,画面容易出现削头砍足、景物残缺的问题。

3. 选好主题,突出创意

移动摄影新闻的选题,既要重视新闻的专业性、价值性,又要注意移动时代的互动性、转发性和可能性,不同主题搭配不同的摄影模式。

好主题是成功的一半。感知时代脉搏,感知社会心跳,是摄影记者的"心学"。摄影记者要善于在大题材中讲好小故事,善于在大事件中找到小切口;拍摄前多思考,不仅是摄影技术上如何选择,更需要推敲如何以小见大,大中见小细节。《中国工厂在非洲》(图5-8)在有限的采访时间里,拍摄者通过

图 5-8　新闻摄影作品《中国工厂在非洲》[①]

[①] 参见《中国工厂在非洲》,2019 年 6 月 23 日,中国记协网,www.zgjxw.cn/2019-06/23/c_138118874_2/htm,最后浏览日期:2020 年 7 月 29 日。

一个鞋厂,使"一带一路"、中非友好、合作共赢的抽象概念得以具体呈现。

4. 实地深入采访

手机适合拍纪实,因为随身携带,看到好看的风景、有趣的事、突发状况,都可以立即掏出手机抢拍。摄影记者需要到生活中寻找素材,拍摄时最重要的是"能够拍到""不要错过"经典的瞬间,这些瞬间转瞬即逝,需要快速抓拍才能捕捉到独特细节。

很多时候摄影是需要耐心的。比如,拍摄一些经典的瞬间——大笑的瞬间、跳起来的瞬间,很多动作的瞬间都需要耐心地大量抓拍,然后才能选出一张满意的照片。好新闻永远在路上。记者需要处于 24 小时待命的状态,随时观察生活,一旦发现新闻线索,就全程跟拍,全力捕捉关键细节。

5. 抓拍

记者要灵活进行光影的运用、动作的捕捉和情感的传递,在摄影手法上实行对相关信息的保护屏蔽,突出核心焦点,有效地传递新闻元素。

组照要讲好故事,体现出层次。一幅图片讲述一个情节,多幅图片讲述一个完整的故事。组照要表达思想和情感,图与图之间要有内在联系,层次关系要清晰。

文字是移动摄影新闻不可或缺的一部分。无论是标题还是图说,要在准确之外更生动,耐人寻味。照片说明文字和标题要实事求是,按照新闻消息的五要素编写,即要有时间、地点、人物、事件、结果,一般不要超过 100 字。

6. 图片加工

拍摄者会对图片进行简单的后期处理。常规来说,图片报道要确保其真实、客观、公正,不能对原始数码图像文件的数据作任何修改,更不允许在照片上随意增加影像或删除局部影像,甚至改变画面内容(剪裁画面中无关的部分除外)。为了让照片保持画面清晰,对色彩或灰度只能作有限的调节,对照片的润饰仅限于去除画面上的擦痕或斑点,照片色彩只能稍加调节,出现反常色调时,要在图片下方加以说明。

图片处理软件或 App 有很多,各有各的优点,常用的软件有 Snapseed、VSCO Cam、LOFTCam、Rookie Cam、Photoblend、rollworld、BlendPic、Instagram 等。

《请放野生动物一条生路》(图5-9)获得2019年中国新闻奖,作者的拍摄经验很值得移动摄影新闻工作者借鉴学习。

图5-9 《请放野生动物一条生路》[1]

这幅照片的画面非常简洁,背景干净,主体突出,读者第一眼看到的就是狐狸惊恐的眼神、前腿上拖着的兽夹。作品的切口虽小,却呼应了生态保护的大主题,意蕴深厚。

照片的作者是克拉玛依日报社摄影记者闵勇,他每次举起相机,都会"三问"自己:"这个场景有新闻价值吗?""这个画面能表现出新闻价值吗?""这个瞬间是最直观、最具视觉冲击力的画面吗?"经过快速思考、判断和行动,发展新闻的最大价值,寻找最佳画面,并将这个瞬间定格在相机里。

这张照片并不是偶然,闵勇每年都要花十分之一的时间拍摄野生动物。当时被兽夹夹住前腿的狐狸逃到戈壁滩的一处洞穴,跟踪而来的闵勇在现场做了三件事:首先,与狐狸保持安全距离,确保不会惊吓到受伤的狐狸;其次,找到合适机位;最后,选择适合抓拍的相机和镜头并试拍,以保证拍摄质量。

当时,整个戈壁滩被厚厚的积雪覆盖,受伤的狐狸随时可能逃离洞

---

[1] 参见《请放野生动物一条生路》,2019年6月23日,中国记协网,http://www.zgjx.cn/2019-06/23/c_138121306.htm,最后浏览日期:2020年7月28日。

穴。闵勇在心中自问:"这次拍摄能表达新闻主题吗?""能!"——拍到狐狸和夹在前腿的兽夹就能表达主题。"这个瞬间是最直观、最有视觉冲击力的画面吗?""是!"——他迅速确定拍摄重点:首先,把兽夹和狐狸两个核心元素拍到;其次,尽量保证画面干净,以确保两个核心元素占据醒目位置。

考虑到狐狸多藏身于洞穴,闵勇查看后优先选择了最有可能的大洞口,远远地潜伏起来,端起相机对准洞口方向,开始在洞口及周边快速搜索狐狸身影。待狐狸出来,他不停地"点拍",不放弃任何一个可能的画面。终于,狐狸跑出杂草遮挡区,兽夹伤腿一览无余,闵勇抢拍到狐狸在快速移动时侧身回看的瞬间,抓住了它那难以言喻的眼神,留下这幅珍贵的新闻图片。

三、出色的移动摄影新闻的基本特征

越是优秀的移动摄影新闻作品,越能够做到新闻、摄影、移动等方面特质与优势的高度结合,主题鲜明、构图完整、画面干净、用光巧妙、作品细腻,具有独到的眼光、创新的手法和独特的风格。

1. 选题佳,意蕴悠长,思考深刻

当下的移动用户已经不仅仅满足于采集信息,优秀的移动摄影必须体现出对信息的分析和判断,有观点的报道辅以有立场的照片才是新闻摄影真正的生命力所在。出色的移动摄影新闻的选题源于现实生活,能体现时代特色,内容丰富,视野开阔,新闻价值取向积极向上,在汇聚正能量的同时,也洋溢出浓郁的生活气息。

新闻作品要有一个鲜明的主题,也许是一个人,一件事物,甚至一个故事情节,但表达不能含糊,要使读者一眼就能看出来。同时,主题要具有普遍性,让大多数人都能理解并产生共鸣。

2. 真实典型

优秀的移动摄影新闻具有优秀新闻的特质:摄影照片的画面清晰准确,反映的新闻事件或新闻事实准确客观,具有真实、重要、冲突等新闻价值,具有强大的影响力;新闻照片必须具有合乎事件发展时空逻辑关系的真实性和准确性,越是认真交代典型情节和典型细节的照片,越受欢迎。

这要求遵守新闻真实客观的基本原则,不虚构和捏造新闻事实,不拍摄重现的新闻事实,不干预新闻现场或对被拍摄对象进行导演摆布拍照等。

3. 画面感染力强

在技术层面上,移动新闻照片要具备移动媒体能接受的技术质量,保证信息的传达和视觉感染力,如合乎要求的曝光、相当的清晰度、逼真的色彩还原等。后期处理时,对色彩饱和度、亮度、反差的调整也要以有利于信息传达和视觉感染力为标准,进行专业化处理。

在美学层面上,移动新闻照片应在移动手机屏幕的框架中具有恰当的结构格局,生成具有冲击力的画面,给用户带来视觉享受;照片要有画面感染力,能够抓住典型的场景、情节和细节,激发受众产生明显的心理反应,并反映出拍摄者的态度;善于用手机镜头讲述故事,细节独特,有强烈的带入感;镜头语言深刻,富有韵味,关键画面记录关键情节、重要瞬间;灵活运用光影,捕捉动作,传递情感,突出核心焦点,有效传递新闻元素。

善于抓典型瞬间能使画面简洁,焦点明确,把读者的注意力引向被摄主体,排除可能分散注意力的内容。手机抓拍到的关键瞬间往往是移动新闻摄影的最大价值点,许多现场目击者直接成为新闻现场的拍摄者和发布者。2008年8月7日,刘翔因伤告别伦敦奥运会,《东方早报》第二天头版刊发了北京地铁员工用手机拍摄并上传到微博的照片,描述了乘客驻足观看刘翔摔倒在伦敦奥运赛场的情形。

4. 小屏互动智能

优秀的移动摄影新闻应发挥移动性的特长,使信息适配于智能手机终端的接收,同时具有互动性、分享性、参与性的新特质,甚至还有智能性、多媒体性等融合特质。

移动时代的情感和人性更多地填注在新闻表达当中,因此,移动摄影新闻要具有情感含量,人性关怀的视角很重要。

5. 创新性

新闻摄影必须基于事实,但并不意味着在摄影语言表达上要千人一面。越优秀的作品往往越能够独立诠释新闻事件,创造性地使用技术手段、安排构图,巧妙地使用文字说明,让摄影新闻具有独到的视角、创新的手法和独特的风格。

2012年6月23日下午,北京遭遇一场突如其来的暴雨,暴雨导致多条环路及主干道积水拥堵,地铁1号线、4号线等线路部分区段停运,首都机场也有百余架航班受影响。当时,一位叫杨迪的青年正好和朋友一起在陶然亭地铁站等待雨停,结果雨越下越大,积水很快就漫过了地铁站入口,逐渐汇成股,继而变成瀑布倾泻而下(图5-10)。见此情景,杨迪觉得十分新奇,拿起手机随手一拍,并发给了自己的同学,没想到同学很快就转发到微博上。当天17:04分

图5-10　北京地铁4号线陶然亭站成瀑布①

发布,几分钟内就有上千条转发。随后这张图片被新华网采用,并随着当天暴雨的报道被数百家网站转载。第二天,该图片又登上了《中国日报》《新京报》《南方都市报》等传统媒体的头版头条。杨迪平时并不爱好摄影,也很少用手机拍照,这次事件让他有一种"见证历史"的感觉。与许多网友猜测的不同,他所用的摄影器材并非 iPhone,而是诺基亚一款2009年上市的老手机。

这张照片尽管出自非专业的拍摄者和手机,却登上了多张报纸的头版,最重要的原因就是现场画面的震撼效果。作为目击者的杨迪要比专业记者更具有时间、空间的优势——他恰好站在最佳摄影位置,在结构更均衡、光线适宜的条件下抢拍到地铁站暴雨如注的瞬间。在场的人们忙于蹚水上下,对持手机拍摄的人并无防备,因此表情自然,现场真实震撼。这是难得的突发报道,当事人抓拍到了最佳场景。

这张照片当时还涉及版权问题,如何正规、合法地使用网络图片那时还

---

① 参见《记者亲历北京百年一遇暴雨(组图)》,2011年6月24日,搜狐网,http://roll.sohu.com/20110624/n311555260.shtml,最后浏览日期:2020年7月28日。

没有被重视。有些媒体没有征求拍照人的意见，直接转发了这张照片，发表后也没有付费。实际上，在社交移动时代，保护网民的权利不受侵犯，采用移动摄影图片时核查考证来源，尊重版权，确认作者身份，不仅可以避免版权纠纷，还是一种职业精神的体现，这样才能真正保证报道的客观与真实①。

第三节　移动短视频新闻

一、移动短视频新闻概述

短视频指视频短片，一般通过短视频平台拍摄、编辑、上传、播放、分享、互动等，视频形态涵盖纪录短片、DV短片、微电影、广告片段等。移动互联网时代，碎片化是媒介常态，短视频以其时间短、质量高、生动形象、信息量大、随时随地可观看等特点满足了人们的需求。与传统视频媒体与受众之间的单向交流不同，它天然地为社交网络而生，建立了上传者和观看者直接互动的交流场域。

移动短视频新闻就是通过手机移动端呈现的短视频新闻或利用手机移动方式摄录的短时长的视频新闻，一般在5分钟以内。

短视频新闻不是传统视频新闻的缩短版，而是一种新的报道形态。短视频新闻依托抖音、快手、Instagram、Twitter等平台，而视频新闻则依托优酷、YouTube等平台。短视频新闻相比视频新闻增加了智能分发的算法工具，主要用户是下沉的三四线城市的用户。随着智能手机的普及，他们成为互联网的主要人群，又随着智能算法、个性化推荐和低门槛的视频拍摄剪辑工具的发展和应用，成了生产—接受多重角色的用户。短视频平台降低了生产门槛，提供了流量变现的多种可能，令大量的新生产者进入报道领域，推动了移动短视频新闻的迅速发展。

移动短视频新闻具备移动、视频、新闻三个方面的基本条件。首先，具

---

① 杨丹：《"北京地铁瀑布"照片引发网络图片版权讨论》，2011年6月27日，中国网，http://www.china.com.cn/newphoto/2011-06/27/content_22863687.htm，最后浏览日期：2020年7月28日。

备正常新闻的基本要素;其次,符合视频新闻的基本条件,采用动态连帧的方式呈现新闻事件,声音、画面、字幕都不可或缺,通过蒙太奇等手法完成线索逻辑;最后,以智能手机为载体的新功能特征,即互动、连接,随时随地生产传播和多媒体化等,还要做到移动优先,画面适配智能手机屏幕。

移动短视频新闻的基本特征有以下五个方面。

1. 碎片轻量

短视频新闻的时长很短,以"短平快"见长,语言凝练,节奏紧凑。移动短视频新闻优先适配于手机,受限于小屏化的体量,往往摒弃了以往电视新闻的角标、字幕、远景等表达,更简洁直观,不需要受众调用深度的理解力,方便共享传播。可以概括为生产轻量化,使用碎片化。

2. 互动智能

移动短视频新闻不再仅仅拼阅读量,还要突出"好口碑""朋友爱看"等要素,不仅需要完成即时互动,还需要根据情况调整和变通。短视频新闻可嵌入微博、微信等社交平台进行传播,也可延伸媒体的话语空间,提高传播的时效性和信息的到达率。

移动短视频新闻的生产主要依赖于新闻工作者的主动拍摄和动画制作,此外,无处不在的监控、车载行车记录仪、手机及更方便快捷的虚拟复原技术令移动短视频新闻的生产有了更多可能。

3. 直观真实

相比于文字和图片报道,短视频新闻具有更强的现场感、直观性和真实性。相比于传统的电视报道,短视频从画面、语态到呈现形式都更为活泼,可拉近和受众的距离,受众的理解度和接受度提高。比如,梨视频有一集短视频选题是一家三代煤矿工人,如果用文字去写爆点就比较少,电视节目拍半个小时又太平缓,用短视频拍两三分钟就恰当而有力度。如果拍一个系列,每个家庭都是三代做同一个职业,一组短视频就能够很好地呈现当代中国的缩影。

4. 简易亲民

各大平台都推出了短视频拍摄硬件和后期制作软件工具,用户处理视频时易于上手,人人都可以生产制作,展现了短视频新闻的底层气息,简易亲民,给人们提供了情绪出口,可以突出关键情节瞬间。短视频语言平实,贴近生活，通俗易懂，一些短视频新闻摒弃了解说词，直接采用原声画面还原现场，通过平民视角和细节展现，以情动人。

5. 创新性

创意是短视频新闻的亮点。短视频新闻制造者在模仿学习中尝试创新，探求个性化风格和新颖的表达方式，以及画面、字幕、声音等多样组合。不同于传统电视新闻程式化、模板化的视频编辑形式，短视频为多种拍摄、剪辑、呈现类型提供了可能，创作者可以对图片、GIF 动图、剪贴画、数据图表等进行整合，兼具信息图表与大数据的优势，还可将可视化与实体画面相结合，展开新闻讲述。

人民网出品的《"剧透"2017 全国两会》（图 5-11）是在普通人的工位上采用"一镜到底"的拍摄方式，以场景化构建而成的沉浸式报道，以小人物的视角切入，从普通百姓的身边生活破题，让"新闻更好看，时政不难懂"。

图 5-11 《"剧透"2017 全国两会》①

---

① 参见《"剧透"2017 全国两会》，2017 年 3 月 2 日，人民网，http://media.people.com.cn/n1/2017/0302/c14677-29117774.html，最后浏览日期：2020 年 7 月 29 日。

这个报道的画面素材丰富多样，时长仅有 2 分 27 秒，十分简短，除实质拍摄画面之外，还使用了抠图、漫画、动效等新颖的画面形式，增强了表现力和交互性。字幕不再单纯是屏幕下方配以解说文字，而是成为视频画面中的构成要素，字体放大，色彩醒目，简洁明了，配合画面进行叙事。音效偏向网络化和娱乐化，人物语气诙谐幽默，语速欢快。

二、移动视频新闻的制作

短视频新闻的制作需要经过选题策划、采访拍摄、编辑处理、社交处理等多个环节。

1. 选题策划

充分了解题材，找到恰当的素材和关注点，并深入理解和学习调研，以发现一些有力量的内容，使之成为视频的灵魂。

首先，要有脚本思维，在选题、拍摄、剪辑上，都应提前整理一遍脑海里的镜头，构思视频的串联方式。取舍很重要，需要思考吸引观众的亮点，从专家再回到普通人的视角多次审视所选的题材，想想怎么讲一个好故事，挑选有意思的点，排好序，提炼出故事线。

其次，拟定大纲，落实故事线。确认哪个部分能拍到，哪个部分拍不到（拍不到的内容可以用其他方式弥补，如情景再现、动画、采访等形式），然后拟出大纲。大纲就是用尽可能少的文字说清整个故事。

再次，把大纲扩展成一个故事脚本。一个好的脚本是优秀短视频新闻的基础，是视频创作的重点。脚本就是一篇好故事，它涵盖短视频新闻所有的故事细节，应尽量用视听语言来写，使用画面和声音表达故事，旁白只是个补充手段。这样受众能够感知视频中的情绪，剪辑得当就能使他们获得特别的感受。

最后，完善筹备，做好拍摄计划。拍摄对象不同，顺序可能不同。有些题材（如成长故事）需要按照时间顺序拍，而有些就可以跳着拍，甚至倒序拍。拍摄计划要有可执行性，能够保证拍摄顺利完成。所以，拍摄者应提前考虑到所有环节，做好各方面沟通，所有环节都应在掌控之中。此外，计划要有余地，做不到的事情需要考虑替代方案。有时还需要拍摄者预知一些可能发生的事情,让事情在关键节点上与拍摄计划产生交集。例如,拍摄孕妇生产或者母子相认之类,错过再弥补远不如抓住现场拍摄的机会①,有时还需要拍摄者对事件施加一些调控,让它发生在镜头中。

2. 工具掌握

移动时代,摄像采编也踏上了新赛道,一线人员必须掌握影像技能和传播素养,要具备视频基础、美学基础并理解议程设置,要掌握镜头特点并遵循简洁拍摄的制作规范。

首先,准备好器材。包括三脚架、摄影机、充电器、存储卡、灯、话筒以及辅助拍摄器材(如GoPro、无人机等)。即便记者仅持一只手机上阵,也要记得带上充满电的充电器、自拍杆或防震器等设备。

其次,提前测试。幕后功夫大于台前,拍摄测试不仅针对摄影设备,还有对灯光、声音、理念和后期的全面控制,否则,素材报废的概率非常大。

3. 采访拍摄

短视频需要用镜头捕捉到真实生动的画面,这对采访提出了很高的要求,即需要记者亲临现场,长时间捕捉新闻事件的相关画面。短视频《网红店假排队调查》②的制作就是如此。为了揭穿网红店大排长龙的真相,记者以顾客、黄牛、网红店主等身份进行实地暗访,经过三个月的卧底拍摄,最终制作成"网红店假排队调查"系列,揭示了恶意竞争、虚假宣传的真相。

视频记录对摄影技巧要求比较高。倘若是进行固定位置采访,要请采访对象定好位,固定拍摄仪器,调好角度、灯光,同时确定好构图,保证背景丰富、有层次,明确主角面向,根据情况打灯补光。倘若是抓拍,则需要更多经验并预防各种意外。没经验的新人可能跟拍一天也没有几个镜头能用,经验丰富的导演选择合适的时机才开机拍摄,半小时素材几乎每个镜头都能用,剪辑时还能把故事讲得清楚、优美。若要达到高片比,就需要摄制者勤于沟通,提前了解事件,随时保持警醒。

短视频新闻很依赖声音素材,电话采访也很必要,同一条新闻,一个有

---

① 参见《非专业人士如何拍摄一部小型纪录片?》,知乎网,https://www.zhihu.com/question/36929994/answer/69873909,最后浏览日期:2020年7月28日。

② 参见《网红店假排队调查》,2018年7月19日,中国记协网,www.xinhuanet.com/zgjx/2018-07/c_137335015.htm,最后浏览日期:2020年7月29日。

采访对象的声音,另一个没有采访对象的声音,它们所能收获的关注度差别会很大。声音的直接呈现更有说服力和真实感,因此,可以录制一些关键的录音,放在视频里面,让短视频新闻更有冲击力。

短视频的时长有其劣势,即很难在很短的时间内讲述一个完整的故事,更谈不上要讲很深刻的道理并承担调查的功能。同时,在现场的记者需要调动受访者情绪与引领观者情绪。30秒或15秒只够承担一个细节或表现一个现场,最终促成传播、引人深思的往往是一句话、一个镜头、一段冲突,能否找到这个点并放大到合理程度促成传播核心观点是短视频报道者的能力。

4. 剪辑审核

剪辑要又快又精致,拎出视频里最核心的信息,提炼标题,再附一段精彩的简介,挑起用户看视频的兴趣。还要做到内容紧凑、简洁明了、不拖沓;表述平白,不夸张、不渲染,不自我评价与表态。标题简明扼要、主题突出,配色要明快、对比鲜明,字幕清晰、视觉效果突出;避免出现无标题、标题错误及字幕模糊,表述不清晰等缺陷。字幕应居于画面下方,不影响镜头表现为宜。此外,还要特别注意控制短视频的时长。

画面要简洁、清晰,曝光准确,构图美观,切换合理、流畅,有节奏感,无跳帧、黑场,尽量避免出现画面拖沓,镜头数量少,缺少变化及镜头晃动、倾斜,推拉目的不明确等缺陷。

配音要清楚明亮,普通话力求标准,无破音,环境噪声小。音效要响度合适,有一定的力度感,有适当的动态范围,能听清低潮和高潮,并且没有明显的声源以外的持续性噪声。整体而言,声音的保真度要高,具有真实感。多重声源的混合处理要有整体感,层次分明,主次清楚。声画要对位,做到衔接自然。

短视频一样要专注于做真新闻,要敢于质疑,大胆突破,小心求证。越是离奇、有趣、惊人的新闻点,越要仔细核实求证,不是自己核实过真伪的信息不乱写。短视频制作者依然要坚守传统新闻的原则,坚持新闻的品质。

三、优秀移动短视频新闻的基本特征

优秀的移动短视频新闻往往需要在选题和创新性上胜人一筹,同时具

备新闻性、移动性以及短视频形态这三个方面的优势。

1. 选题价值

如何切合时代热潮,体现深刻人性,表达现场感知,体现细节动态,以小见大地把握重要时代命脉,或见微知著,通过细节动态地体现重要现象,是优秀移动短视频新闻的选题要求。《上桥!今天和"溜索"说再见》(图5-12)就是以小见大、抓住时代热点的作品。在凉山最后一座溜索改桥项目贯通,民族地区正式结束溜索时代的大背景下,这个短视频以一位在金沙江畔生活的乡村教师自述的方式,回顾了她最后一次走"老路"过江的故事。

图5-12 《别了!今天和"溜索"说再见》①

2. 专业操守

移动短视频新闻既要真实、专业化,又要照顾用户品位。真实要求短视频新闻不能有假,要有公信力;专业化指视频制作的优质化、专业化是底线。移动短视频新闻报道要事实确凿,画面准确,关键要点必须有生动多样的证据支持;要求现场画面、声音、字幕的录制清晰,新闻基本要素清楚,内容的制作标准规范。

3. 视觉冲击

优秀的短视频新闻在专业性基础上,保证了关键情节、画面、情绪的准

---

① 参见《别了!今天和"溜索"说再见》,2018年9月2日,好看视频,https://haokan.baidu.com/v?pd=wisenatural&vid=3686229017833908060,最后浏览日期:2020年7月28日。

确抓取和有效呈现,利用短视频形式讲述新闻短故事,生动具体。其特长就是视角拓展,能在极短的时间内形成视觉冲击。比如关于北京学区房新政的短视频报道,镜头一开始就是一位教育专家站在北京一栋很破旧的楼前,告诉观众这个楼价值4.8亿元,然后通过采访附近的老人,一下子就把破旧的房况和高昂房价的反差显示出来了,文字的表达远没有画面震撼。用这种方式进行政策的轻解读会显得直观而生动。

4. 手机体验

手机体验既要求短视频新闻适配于手机横屏或竖屏的动态视觉呈现,又善于发挥智能手机的互动性和分享性。优秀的移动短视频新闻短而精彩,具有良好的分享设置和交互设置,能实现较好的社会分享性和关注度。

移动短视频新闻要为移动端度身定做,既要考虑手机的尺寸,也要考虑时长,一般为30秒到3分钟之间。画面字幕要清晰,以适于手机用户观看。手机看视频容易被干扰,用户可能注意力不集中,需要作品在第一时间能够把移动用户抓住,并用很强的代入感来吸引用户看完。有些媒体甚至尝试竖屏呈现,更能提升用户的观看体验。

还要注意用户的浏览节奏,节奏与配乐、剪辑都有很大的关系。如果一个1分钟的视频希望在前15秒把用户留住,就要把重要的"包袱"往前放,采用类似倒金字塔的结构。因为人们很少能看完短视频的全部内容,不能像写文章那样把"包袱"放到最后。

5. 创新性

作为移动智能时代的新型报道方式,优秀的短视频新闻应该善于利用技术开发出更生动有效的感知接受和传播方式,善于找到更适合移动受众体验并接受的内容和形式。不同于传统电视新闻程式化、模板化的视频编辑形式,短视频新闻为多种拍摄、剪辑、呈现类型提供了可能。短视频新闻渐渐衍生出多种类型,如动画、图表、VR等,其目的就是为了穿越形式直达内容。《生死时速!患者心脏骤停,桂林女医生跟着病床边跑边做心肺复苏》[①]利用短短1分34秒的视频,包含连续镜头、2倍速播放和配乐等媒体

---

① 参见《生死时速!患者心脏骤停,桂林女医生跟着病床边跑边做心肺复苏》,2019年5月23日,中国记协网,www.xinhuanet.com/zgjx/2019-05/23/c_138080603_2.htm,最后浏览日期:2020年7月28日。

融合手段,通过镜头传达强烈的现场感,强化了新闻的主题意义,也展现了媒体融合背景下社会中真实、善良的力量。

要有"负面清单",要知道哪些不能拍,哪些细节不能用。比如,船头站着一只鸟的空镜头,专家端坐着说话等画面,这类老套的静态叙事方式往往缺乏新鲜感、冲击感,应当列入"负面清单",尽量用有内容的画面完善叙事。

满足多场景下的信息接收需求也很重要。比如,很多人需要在关闭声音的场合看视频,那就要致力于解决无声环境下的信息接收问题,字幕必须做得更充分。

6. 新坐标:人性、现场感、用户获取资讯的高效性

文字报道中,深度、广度和力度是很重要的三个标准。但是,短视频在几分钟时间内很难做到,而人性、现场感、用户获取资讯的高效性则成为新的坐标,这也成了改进短视频新闻质量的参照。

短视频是否讲人性,表现人的喜怒哀乐,是否是第一现场,是否能够帮助用户梳理信息并在很短的时间内获取资讯才是最重要的。移动短视频用户分布广泛,他们对普通情感情绪和非重要现象的关注也必须得到尊重。梨视频中有一个外卖小哥给学校里读书的孩子送了块蛋糕,孩子十四五岁,正处于叛逆期,当时看到有人跟拍就很不耐烦,拿了蛋糕一句话不说就掉头走了。他父亲回过身,长得很壮的一个汉子,擦了擦眼角的泪水。这个作品成为爆款并不是因为它价值有多大,而是关联了人性,让人有很强的代入感。当父亲转过身拭泪时,那份复杂的情感便自然地流露出来。这就是现场,无法策划也难以预料的瞬间,被镜头抓到后引发观众强烈的共鸣。

移动时代的用户更为懒散,不愿意花时间在复杂的事情上,所以,需要帮助他们梳理还原冗杂的信息,方便获取。比如关于航母的动画,在传统媒体报纸上可以做八个版的专题,但是移动短视频新闻则将其浓缩在一个比较短的动画视频里,为的就是提高用户获取资讯的速度和效率,让用户即刻就能明白整个事件。

《你是我的眼》(图 5-13)是一个非常生动的短视频新闻。它的时长只有 1 分 55 秒,但声画结合、栩栩如生地讲述了一个村庄里两个残疾农民贾海霞和贾文其多年协作,种活了上万棵树木的故事。新闻事件虽然聚焦在

两个农民身上,却反映出新时代农民进取协作的生命态度。主题在短视频开始时就通过主人公的画外音讲述出来,清楚明确。

图 5-13 《你是我的眼》①

这个报道来自实实在在的现场拍摄,获得了新闻事件的核心画面。故事非常短,人物只有两个,短视频没有白描他们的平常生活,也没有追溯前史,而是直接选取两人合作种树的关键环节和场景——出工,过河,种树,收工。画面紧扣主题,简明扼要,线索清晰,又生动完整。

视频中的关键画面生动鲜明,冲击力很强。双目失明的贾海霞一大早用镰刀探路摸到贾文其家,两人默契又熟稔地招呼,从小没有双臂的贾文其用脚把铁锹递给老朋友,盲人贾海霞一只手扛着铁锹、镐头,另一只手拽着贾文其的衣角出工。过河的时候,无臂人背着盲人;穿林子的时候,盲人手拽着无臂人的衣角;爬树的时候,无臂人通过肩扛腰挺托盲人上树;有手的挖土敲凿,无手的用肩颈夹着吊桶取水,手脚并用的两个残疾人跟跟跄跄地挖坑、埋树、浇水;等等。短视频镜头选取种树的核心环节和两个残疾人相互协作的重要情节,具体生动,真实又具有强说服力。

① 参见《你是我的眼》,2016 年 8 月 19 日,优酷网,https://v.youku.com/v_show/id_XMTY5MTUyNzE1Mg==.html,最后浏览日期:2020 年 7 月 29 日。

这个短视频中有三种声音,即场景音、当事人的画外音和配乐。三种声音极少同时出现,令短视频的声音呈现不嘈杂凌乱。两位当事人的话外音一人一句,简洁地说明了出身背景。这种通过直接引语让主人公用不标准的普通话讲述自己故事的方法,可谓真实、朴实、真诚。场景音响主要在两人过河种树等关键环节出现,让人了解残疾农民劳作的常见障碍,同时又感受到两人劳动的真实环境。视频结尾处采用中国古典音乐《茉莉花》干净清透的乐声升华了新闻故事的境界,让观众感受到贾海霞和贾文其朴素的生活劳作背后的执着理想与深厚友情。

通常,一个视频报道还可能出现解说者角色,用来介绍新闻的发生背景以及画面无法表达的重要内容。《你是我的眼》则有创意地选择两个当事人的视角来表达,真实又生动。这是短视频时代的中心性特点,用户不再站在上帝视角接收新闻,而是直接通过第一人称陈述了解事件。

短视频时代,变化的是互联网与科技带来的新习惯或新创意方式,但永远不变的是内容内核,即从不一样的角度讲述故事。如何找到一个故事,如何拍好一个故事,这都是短视频制作者应当仔细思考的。短视频虽短,却可以借助生动真实的画面唤醒人们的感受与激情,影像的力量犹如利剑,直指人心。

第四节 移动直播新闻

一、移动直播新闻概述

直播是指不间断地在新闻现场拍摄,并不断提供相关新闻素材给用户的报道方式。从1958年的"八一"男女队篮球比赛,到1997年香港回归,再到黄健翔"他不是一个人在战斗"的激情体育解说,乃至2003年美伊战争被全球围观,直播已经成为新闻报道不可或缺的手段。从广播、电视,发展到网络直播、移动直播,在移动时代,直播门槛降低、交互能力提升,不同的内容形态都在寻求与直播的结合,体育赛事、电竞游戏、演唱会直播、各种发布会、真人秀等。直播不仅能即时传输信息,而且通过弹幕交流、票选、主播与用户互动等交互形式,丰富了用户体验。

移动直播是指借助移动设备进行直播或将新闻素材不间断地推送到手机用户面前,满足其捕捉新闻事件变动性需求的报道手段。采用移动直播方式生产和发布的新闻或通过移动设备接收的直播新闻就叫作移动直播新闻。

移动直播新闻兼具新闻、直播和移动三重特性。首先,新闻性要求它具备新闻要素,遵守客观中立、平衡公正和准确等原则,重视报道对象的新闻价值等。其次,直播性要求它发挥流媒体的特长,对新闻事件或报道对象不断地录制传播,不断地添加声画素材给用户。最后,移动性要求它首先服务于智能手机用户,适配于小屏尺寸,具有社交互动和分享等功能,甚至包括智能算法等机制。

移动直播新闻的基本特征有以下四个方面。

1. 即时性

移动直播的特点首先是快,既不需要将事件转化为文字,也不需要对视频进行过多加工,镜头一开,新闻即输出。在新闻发生的同时进行见证,也就是实时报道发布新闻信息。生动的现场感、实时的互动交流效果、多线同时出动的立体感,以及多样化的题材和多种视角的观看,都令其大受欢迎。再加上搭载于平台的移动直播,任何人都可以随时围观,带来了巨大流量。24小时的直播让人打开手机App就能看到实时新闻,相当符合移动互联时代受众随时随地对于新闻的要求,并增强了用户对新闻的感官体验。

2. 真实性

由于各种条件和自然环境的限制,视频中的画面有时不能保证基本的平稳,但不妨碍它成为新闻现场的真实记录和生动表达。

3. 变动性

直播现场是不断变动的,故事在流动,各种当事人和素材在流动,时间、空间在变化,还有各种异常和变故,都令直播因其不确定性而受到关注。英国广播公司(BBC)的一档新闻节目就当时政局情况与专家罗伯特·凯利视频连线时,他年幼的一双儿女突然闯入房间玩耍,凯利的妻子迅速将孩子拽离现场,还不忘带上门。这个40多秒的意外过程被迅速转发,火爆社交网络,可见直播过程的变动性。

4. 社交性

移动直播新闻开启了复合式交流场，构建出信息传播共同体。技术打破了受众的空间屏障，无论他们身在何处，都可以用弹幕或评论的形式不断地在线上虚拟空间里主动发起信息交流，得以超越日常生活的空间环境，进入线上互动的虚拟空间。出镜记者作为这一现实与虚拟同步的场景主导人，则面临更为复合的交流场。

新冠肺炎疫情期间，相关的数据直播备受关注。图 5-14 是 YouTube 对全球各国疫情基本数据的实时更新，主页面是疫情数据排行榜。每个国家的国旗标识下有相应的国民数据、患者数据、亡者数据、治愈者数据等，依据患者数量排序，数据随各国公开数据的变化而更新。互动环节置于页面右侧，世界各国的人们纷纷基于当时的疫情数据留言感叹，他们对不同时间段的数据反应差异很大。

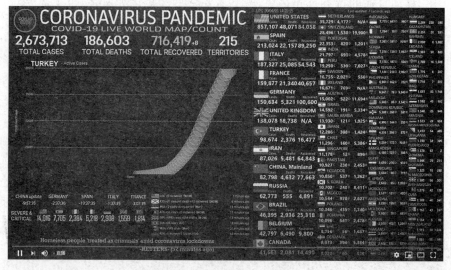

图 5-14　YouTube 对全球各国新冠肺炎疫情基本数据的实时更新

图 5-15 是中国新媒体丁香医生的新型冠状病毒肺炎疫情实时动态，页面设有疫情地图、实时播报、辟谣与防护、疾病知识等栏目，随时公布全国确诊病例数、疑似病例数、死亡人数和治愈人数，帮助大家实时了解新冠疫情的最新进展和疾病知识等。用户可以下拉菜单，浏览各项内容，还可以点击详情了解自己关注的各地区的实时数据，还可以通过各种可视化图形了解细节。

第五章 多媒体新闻制作

图 5-15 丁香医生上关于新型冠状病毒肺炎疫情的实时动态

二、移动直播新闻的制作方法

移动直播新闻的制作需要经过策划、设备、采访和处理等多个环节。

1. 直播选题策划

常见的新闻资讯直播主要有社会热点话题，如重要体育赛事、阅兵式、总统大选等；突发新闻事件，如火灾海啸等；还有深度跟踪报道，比如福岛核泄漏事故发生几年后，记者深入禁区探访幸存的人；等等。

选择恰当的选题，首先，需要搜集、整合相关资料；其次，还要确定主播、参与人员、采访对象；再次，要设计节目形态（如街头采访、访谈、深度体验等）、线路、内容、流程；最后，形成完整的直播节目文案。以网易对神舟十一号飞船发射特别直播节目为例，由于飞船发射的具体时间没有提前公布，直播团队预备了三套方案应对不同发射时间的状况。这一特别直播历时6个小时，包括7条不同的直播线路，不仅提供了内容较为严肃的演播室、发射现场和空间系统专家讲述等，也涵盖了酒泉当地民间探访、航天知识科普、街头采访等较为轻松的内容。多线路的直播设置将选择的主动权交给了观众,而不是由导播决定观众看什么,增加了直播节目的可看性①。

前期策划往往都是理想状态,正式直播之前的现场踩点尤为重要。通过现场实地勘测,直播人员要确定直播场地是否如自己所想、如网上所见,能够承担进行直播活动的重任。此外,还要在直播场地测试直播信号,防止信号在直播时被屏蔽。通过现场勘测,还能发掘更多在网络上收集资料进行策划时无法了解到的信息,如周边居民情况、建筑特色等,从而对节目文案进行完善②。

有时,耗费大量人力、物力做直播却观者寥寥,这说明媒体需要进一步摸清目标直播用户的偏好和习惯,调整各类素材的比例。有时候还要根据选题本身的特点选择播放方式,比如有些选题很有吸引力,但信息量不足以支撑长时间的移动直播,反倒不如换成短视频或图文报道。直播内容需要精心策划,集时效性、现场感、多角度于一体,不能单调、无聊地打发时间。

2. 准备设备、调度人员以及系统管理

移动直播设备多种多样,复杂时可能涉及卫星、直播车、多场景切换、多人次主持,简单时只有一个人用一台手机网络连线,但最终都要落实在智能手机的方寸屏幕当中。融媒体时代,智能手机就可以完成快捷及时、成本低廉的新闻直播,其必要的硬件设备包括具有 4G/5G 信号的手机、保持镜头平稳的稳定器、提供电量保障的电源及充电宝、收音器、直播软件和现场灯光等。除了物质准备,对于流程的提前设计、把控和对直播过程的反馈、调整也很有必要,要写好流程表并设置好人员联络的微信群。

3. 现场应变

直播者要提早到场准备,准时开始直播,不能让观众等待。在拍摄过程中,要注意镜头平稳、画面构图、声音效果、镜头叙事等,这与视频拍摄的要

---

① 《厉害了!神州十一飞天,听说网易总编辑去现场做了直播?》,2016 年 10 月 17 日,网易新闻,http://news.163.com/news/a/C3JHDH5K05118VJ5.html?spss=newsapp&spsw=1&referFrom=163,最后浏览日期: 2020 年 7 月 28 日。

② 《公开课第四十三讲:如何发起一场有趣有料的直播》,2016 年 10 月 26 日,网易新闻,http://news.163.com/16/1026/18/C4ARKV67000181KO.html,最后浏览日期: 2020 年 7 月 28 日。

求是类似的。

新闻直播的现场性最有吸引力,要呈现直接生动的新闻现场,加强与当事人或者相关方的直接互动,让受众看到活生生的、动态的事件推进或因果追踪,不断设置悬念,引发围观者的好奇与热情。为防止直播画面的乏味单调,直播团队需要提前准备各种丰富的素材,给观看者带来新鲜感和变化性,引发用户的好奇与期待。

直播时对事实多方面的呈现非常重要,而且出镜者的真实人格和报道过程的真实性也要有保证,三者互相推动才能保证观众获得真实体验感。

直播过程中要求主播表达的内容丰富有趣,还需要他们有全方位的知识储备,善于应变,保持良好的心态应对各种可能性,随时注意现场环境和突发状况。不同记者的上镜效果不同,没有受过专业训练的人要提防小动作、微表情被镜头放大,还要避免一些习惯性的行为,如在采访过程中不自觉地整理头发、看镜头等。

4. 多元互动

移动直播中,全媒体的表达更为生动,更受观众欢迎,直播团队可以将图文直播作为视频直播的必要补充,解决视频直播的不可回溯性,能让随时加入观看直播的人回顾并跟上直播的进度。进行现场采访时要及时启动前方记者与后方新媒体团队的联动应急采编机制,抢占融媒体的新闻制高点和首发先机。

移动直播的互动性很显著,直播人员要根据现场随机应变,及时与网友互动,多关注他们提出的问题和要求并及时进行解答,还要与后方保持沟通畅通,及时反馈调整。此外,后方小编也可以在聊天室发起话题,与网友进行深入互动。

5. 整理回放

直播结束后,后方直播间内还应该上传视频,剪辑精彩花絮集锦等。直播不应该是一次性的传播过程,将精彩内容保存下来更有利于进行长尾传播,比如事件回顾和财经专题的打包呈现。

2017年8月12日清晨,广西壮族自治区融水苗族自治县杆洞乡突发特大洪水,记者谌贻照看到山里苗族群众在微信朋友圈发的视频,立刻从柳州驱车8个多小时,翻山越岭地赶到灾区现场(图5-16)。12日晚19:30,他发回当地干部群众抢险自救的图文后,乡里电力和通信中断。大雨滂沱中,谌贻照带的专业摄影器材根本无法使用,情急之下,他只能用一台有防水功能的手机在抢险一线紧急采访:拍摄了暴雨和山洪袭击杆洞街的惊险场面;记录了乡党委和乡政府再次火速启动抗洪抢险预案,组织群众紧急撤离到安全地带的画面;抢拍了乡干部组织人员对被困在河边旅社里的15名游客实施紧急救援的感人场景。13日上午11时,谌贻照跟着乡政府调来的挖掘机,一步步往山外掘进,争取第一时间把灾情传递给外界。但是,直到晚上20时,一行人才走到距乡政府6公里的一处路口。14日清晨,他们再次往外突围,艰难跋涉两个多小时,终于见到了救援人员。

图 5-16　洪水中的记者谌贻照

由于洪水造成全乡电力、交通、通信全部中断,记者的手机记录并不能顺畅播出。新媒体团队形成高效运作的融媒体报道机制:在广西云客户端、广西日报法人微博开设《关注广西暴雨洪水灾情——照哥一线直击报道》专题直播。接到谌贻照成功突围发回的视频,新媒体团队迅速对天气、民政、救援等各种素材梳理整合,推送了《柳州融水突围记|〈广西日记〉记者"失联"数小时,在穿越40处塌方后发回灾区最新画面》①,把杆洞灾情和现场新闻传递给外界。

《柳州融水突围记|〈广西日记〉记者"失联"数小时,在穿越40处塌方后

---

① 参见《柳州融水突围记|〈广西日记〉记者"失联"数小时,在穿越40处塌方后发回灾区最新画面》,2017 年 8 月 14 日,搜狐网,https://www.sohu.com/a/164688889_262231,最后浏览日期:2020 年 7 月 28 日。

发回灾区最新画面》获得 2018 年中国新闻奖，通过作者谌贻照的分享，可以看出要制作出优秀的移动直播新闻，需要付出艰苦的努力。结合谌贻照的例子具体而言，以下六个方面可供借鉴。

第一，做好平常准备。记者不能对地方的情况一知半解，用碎片化的认知去解读现象，靠浮光掠影的网络采访和没有现场求证的信息去推送某一事件，少数新媒体就是以如此低成本和不严谨的采编作风，将新闻要素缺失的报道变成误导视听的谣言。

第二，要有敏锐的判断力。这种洞察力不仅基于记者的观察和生活积累，也依靠记者自身的修为和人文积累。谌贻照常年在融水大苗山里采访，熟知山里的地理环境和风土人情，能说侗语，能听懂当地的苗语。2017年8月13日清晨，杆洞乡再次暴发山洪时，很多人还在睡梦中，谌贻照听到村里有人用苗语高喊"洪水来了！"，随后立刻起床直奔现场采访。

第三，现场需要察言观色。当天晚上第一次突围失败后，谌贻照在灾区村民家中辗转采访，经过察言观色和对谈发现，受灾群众跟外界失联后，焦虑的心态正在弥漫和扩散。谌贻照曾在 1996 年柳州特大洪灾中几天几夜冲在一线做抗洪报道，深知灾难降临时，政府关怀和外界驰援对稳民心、提士气极其重要。基于对现场的观察了解和判断，谌贻照决定次日一早再次突围，终于成功地将灾区的重大灾情传递了出去。

第四，记者的能力要全面。记者不仅要在文字上善于表达、生动表达，用事实和真感情传播正能量，更需要熟悉全媒体手段并能及时记录、传播新闻；能熟练地使用手机拍摄图片、视频并进行现场编辑制作，能娴熟地运用H5、微信公众号传播新闻，还要擅长个性表达，粉丝运维；理解平台规则，理解平台用户特性。在融水杆洞灾区，当事记者无论是在大雨滂沱的洪灾现场，还是在塌方突围的途中，全部使用手机拍摄视频和图片，并在朋友的帮助下自己出镜、现场播报，现场编辑视频配文，形成在有信号的前提下可供及时传播的移动传播成品。正因为如此，后方新媒体部编辑才能够快速制作融媒体新闻作品，及时向外界传播。

第五，提防直播的风险，防止渲染和误报。记者需要落实现场采访和事实数据的求证，案例中的谌贻照果断记录下当地乡干部组织营救、自救的珍贵视频画面，可以有力地回应社会关注焦点和可能出现的谣传。

第六，硬件不能缺。向外突围时，谌贻照把车辆和行装全部留在苗族老乡家，只背着一个苗族大婶在突围前的深夜专门缝补好的轻便小包，带着两台手机（其中的一台在翻越大花孖路段的大塌方时掉入泥泞中而死机）和两块专门为此次采访充满电的大容量充电宝，历尽艰险出山突围。实践证明，这一次在山里的采访和突围，没有这两块充电宝，谌贻照就没法记录采访并现场编辑制作采访素材。

三、优秀移动直播新闻的基本特征

优秀的移动直播新闻不仅要注重选题的创新性，还要具备真实、实时、生动的特性，发挥新闻、直播和移动三方面的特长与优势。

1. 选题热门，关注突发重大元素

直播需要消耗流量，更需要用户乐于长时间聚焦关注，因此，必须选择对用户来说有重要价值的素材，而且还要有新意，最好是结果能直接影响用户利益的新闻事件，重大地震、火灾等现场，重要的选举等都值得进行直播。

2. 真实、即时，深入挖掘

真实是直播的生命。优秀的移动直播新闻要满足用户对新闻事件的全方位了解，除了5W1H、重要的信息、相关的利益、关键场景、情节、证据和过程等都需要记者尽全力调配，争取多样呈现。在输出大量信息的同时，还要保证这些信息真实准确，做到突出真实的事件、真实的人格、真实的叙述。在流动的输出当中，要实时地更新丰富多样的信息并引发受众的好奇，深入挖掘新闻的原因结果，多方位追溯可能性，提升新闻的价值，以此保证吸引用户的注意力。

3. 快速应变，丰富互动

优秀的移动直播新闻反应要快，连贯自然，信息完整。直播时要保持高话题性的热度，充分提供大量新鲜、有冲击力的素材满足用户期待，时不时峰回路转，有精彩的跌宕起伏，根据现场情况调节、适应用户的变化性要求，紧跟新闻事件的变动，寻找适合内容传播的形式，牵动用户感知，满足用户好奇。

首先，要找准题材和高潮点，做好策划；其次，整合更多资源和渠道；最后，同题新闻尽量做到差异化直播。网易江苏 24 小时直播法院抓"老赖"，让执法不再神秘，被戏称为"政务真人秀"；里约热内卢奥运会的直播形式更是丰富多样，包括 VR、游戏、冠军参与、可视化等，各种方式就是为了打造独特的辨识度，以产生特异性吸引力。

在直播中倘若发生意外，比如网络中断、摄影师离开、表演推迟等，这正是直播最真实的部分，线上线下的配合很重要，可以利用这些意外插入直播互动。如果进行长时间的直播，甚至可以多准备几套焦点图，以便及时更改标题。

4. 强互动，强时效

优秀的移动直播新闻优先适配手机终端，更要适配手机用户的接受方式和习惯规律，充分发挥移动智能的交互性、分享性、参与性等特长，形成主播与围观者的互动生产和参与合作，具有各种灵活的互动活动或环节，吸引大量的受众参与协助，形成良好的接受氛围。

后台应及时回应网友留言，让网友更有跟随直播和参与互动的积极性和主动性；能够不断抛出问题，动员网友的智慧，鼓励网友积极参与，赋予其主控感；还可以发起征集活动，吸引网友参与。例如，在傅园慧的直播中发起"傅爷表情包模仿秀"，评选出前几位给予奖励，通过小小的互动给网友展示自己的机会。一些专业媒体还特别注意激励网友的参与意愿，形成共建特色。福建交通广播节目《一路畅通》在直播中发挥网友的作用收效很大。比如，一位邵武出租车司机在微博上写道："我的车上有一个才 1 岁多的小孩，不小心将瓜子吸进肺里，随时有窒息的危险，由于当地医院无法处理，需紧急转到有条件的大医院动手术。然而家长却忧心如焚，不知该到哪个医院才好，请热心朋友指点！"FM100.7 在接到消息后，马上与该司机取得联系，同时让记者兵分两路，一路记者联系福州协和医院，希望院方能为赶来的重症宝宝开通绿色通道；另一路记者迅速联系沿途的南平、三明、福州的高速交警，请他们帮忙为护送孩子争取时间。同时，主持人在电台不断呼吁路上的车友尽量让出超车道。最后在福建交通广播的主持人、记者以及交警、医生、车友等社会力量的共同帮助下，小宝宝得到及时救助，脱离了生命危险。这场"生命的接力"中发生的许多扣人心弦的感人情节都一一在

FM100.7的微博和广播中全程直播,得到了全社会的广泛关注①。

5. 新颖创意

探索一些独特的方式也可以改善直播效果,或者通过素材添加和预先准备的动画等形式提升直播的生动性。比如,中央电视台在报道2011年日本宫城县和福岛县的大地震时,首次使用三维动画还原事件现场,使得节目既丰富直观,又通俗易懂。3D技术与现场报道有效结合,给观众带来耳目一新的感受,可以说是"技术"与"内容"相辅相成,相互推动。

2018年7月5日18时45分许,两艘载有中国游客的游船在泰国普吉岛附近海域突遇特大暴风雨,发生倾覆事故,事发船只上的127名中国游客中,有37人为浙江省海宁海派家具有限公司员工及家属,还有5人为阿里巴巴集团员工及家属,一时间成为全国乃至世界关注的新闻热点。

《浙江日报》立即组成突发小组飞往泰国普吉岛,抵达普吉岛后2小时内,即当地时间7月7日下午5时左右,在后方导播、编辑等人员的支持下发起了第一场长达6小时的视频延时直播和图文视频滚动(图5-17)。连续发布了《直击普吉游船倾覆事故现场 救援仍在进行》《普吉游船倾覆事

图5-17 《浙江日报》普吉沉船倾覆事故直播截图

---

① 王茵:《略论广播媒体与微博的融合——以福建交通广播为例》,《东南传播》2011年第4期。

故|泰国总理巴育慰问遇难者家属》两场滚动直播和《普吉游船倾覆事故|浙视频独家跟拍泰国总理巴育慰问遇难者家属》等十余条视频、图片新闻报道。在长达6小时的视频延时直播和图文视频滚动中,出镜记者与后方编辑配合,实时更新播报最新消息;摄像与后方导播配合,通过4G多链路聚合无线传输设备,实时回传视频素材,供视频编辑拆条制作成短视频。

记者在前方密切关注救援动向,直播过程中与网友实时互动,积极引导舆论,在泰方新闻发布会现场用中英文提问关于浙江遇难者的救援及家属安顿情况,发出浙江声音。女记者独家拍摄到泰国总理巴育慰问中国遇难者家属的画面,以无法替代的现场感和真实感,最大程度地满足受众第一时间了解该突发事件最新动向的需求。

这是典型的重大突发事件现场移动视频直播,救援现场的直播遇到了信号传输、语言交流障碍等实际困难,但该媒体前后方密切配合,克服困难,主播的主持自然流畅,还独家拍摄到一些现场画面,成为国内媒体中对这一重大突发事件报道最及时、全方位、立体化的媒体。

第五节 移动新闻新形态

随着技术更新、社会变革、时空压缩、手机普及和智能算法的深入,移动新闻进一步发展,并拓展出更多形态和应用场景,传感器新闻、无人机新闻、机器人写作、虚拟现实新闻、增强现实新闻等新类型、新工具、新生产方式正崭露头角。

一、传感器新闻

传感器(MEMS)是一种微机电系统,是将微型机械结构与电子电路结合的微型系统。其典型的个体结构大小仅几微米,用于检测物理、化学、生物等变量并将其转化为信号。它的用途广泛,如运动传感器(针对速度、陀螺仪、定位、手势识别等)、生物健康类传感器(针对心律、呼吸、指纹、运动等)、光学传感器(针对摄像、投影、扫描、红外等)、环境化学传感器(针对海拔、湿度、空气质量等)、电传感器(针对电流、电压、电磁辐射)等。传感器的应用场景多样,融合组装多样。智能手机正是依靠传感器实现了随时随地的计算接受和分发。

传感器新闻是指使用传感器生成或收集数据,然后分析、可视化或使用数据来支持新闻调查。它与数据新闻有明显区别。后者依赖历史数据或现有数据,前者则借助传感器工具创建数据,并利用这些数据来讲故事。使用传感器作为特定类型新闻的收集和报告过程的一部分,就需要传感器收集和报告数据。这类数据包括但不限于水、空气、温度、风和土壤中的信息。USA Today 的"Ghost Factories"系列研究了来自旧金属工厂的土壤污染物。记者们用 X 射线传感器扫描土壤,他们的分析表明,在砷和铅的含量方面,有几个地点超出了 EPA(美国环保署)的限制①。

随着物联网和人工智能的发展,传感器新闻发展迅速,特别是在移动终端的应用。传感器信息本身可能成为新闻报道的重要信息来源,也可以辅助新闻深度采访,除了人在现场外,还可以增加更多感知维度,如微距观察、换位观察、动物视角等;也可以让传感器配合新闻机器人、无人机、VR 设备等去特殊现场或重建、复现新闻现场;还可以利用人工智能快速挖掘深度数据、进行受众分析、写新闻等,有巨大的拓展空间。如此一来,新闻不仅依靠人作为观察者和记录者,还可以通过物的信息进行多样化信息获取、分析、融合、互动和传达。物与物、物与人、人与人之间都形成关联,给万物互联时代的新闻发生、生产和传播带来更多可能。

利用传感器制作生产新闻需要思考以下方面:构思什么样的主题;需要什么样的数据与传感器组合;怎么部署传感器;自己部署专用传感器还是利用现有的,如手机的数据、行车记录仪、汽车传感器;如何与相关目标机构合作部署传感器,获得传感器数据,或采用独立的方法部署采集数据;如何分析传感器数据或选择外部的传感器解决方案等。最主要的挑战就是如何部署传感器最有利于获得记者想对受众传达的信息。

传感器新闻是物联网时代新闻的重要组成部分,媒体人需要计算机、数据、工程学等方面的知识融合来完成相关学习。美国西弗吉尼亚大学助教

---

① "USA Today's Ghost Factories' Wins National Award," 2013-06-23, USA Today, https://www.usatoday.com/story/money/business/2013/06/26/usa-today-wins-loeb-award-for-ghost-fatories/2459073/, 2020-07-20.

鲍勃·布里顿自2014年起尝试搭建传感器,用于新闻信息搜集和发布。当下的传感器新闻较多使用在传感数据的收集与可视化呈现方面,比如关于局部地区的水污染、空气污染、土壤污染的传感数据和可视化呈现,或关于人群移动的手机数据抓取及局域人脸识别的数据抓取等。

百度在2014年推出了"百度地图春节人口迁徙大数据"(简称百度迁徙),通过对LBS(基于地理位置的服务)大数据进行计算分析,采用创新的可视化呈现方式,首次全程、动态、及时、直观地展现了2014年春节前后全国人口大迁徙的轨迹和特征。中央电视台制作的《"据"说春运》利用这一数据进行了晚间播报。图5-18是2014年春节期间的一则央视新闻,主持人解说道:"这些美丽的亮线就是春运路上大家的足迹。如果您使用智能手机并且使用了定位功能的话,从您踏上旅途的那一刻开始,从出发地到目的地的数据就会在这张图上划出一条淡淡的线。请注意,人越多的话,这些线就会越亮。"

图5-18 《"据"说春运》

二、机器人新闻

机器写作又称机器人写作,是指自动根据算法将目标数据通过自然语言生成的方式输出文章的一种人工智能技术,核心在于自然语言生成。机器人新闻则指使用这种技术进行的新闻报道,是人工智能学科在新闻领域的应用。2006年,汤姆森公司称,它的机器人记者可以在公司发布信息后的0.3秒内提取有效数据,并分析整合成一篇报道。2010年,WordSmith和Quill被投放到市场,据称其可以根据特定目标进行个性化写作。

当下的机器人新闻主要呈现于移动终端,机器新闻写作主要被用于财经、体育领域的新闻报道,因为这两类新闻需要进行大量的数据处理和阐释,同时,在地质、气象、健康领域,机器新闻写作也具有较大的潜力。重要媒体的写作机器人已现端倪,如美联社的WordSmith、《洛杉矶时报》的Quakebot、《纽约时报》的Blossom、新华社的快笔小新、腾讯的Dreamwriter、《福布斯》的Quill等。更有个别媒体研制出自然语言表达的智能主播,如聊天机器人、互动机器人等多种信息服务拓展。

与人工新闻相比,机器人新闻也能抓住数据事实和报道核心,突出新闻报道的重要信息。人工新闻更具有人情味,更加口语化,能揭示群众关注的焦点和核心;机器人新闻则表现出对数据极强的处理和排序能力,在数据处理和数据分析方面占优势。机器人新闻的优势在于信息收集、新闻写作速度快,能够大范围收集并处理海量数据,信息、数据收集分析准确,出错率较低,能够全天候进行新闻采编,可以随时为有需要的读者奉上相应的新闻报道。

综合以上优势,机器人新闻可以快速、准确、持续性地为读者提供所需要的新闻,对于新闻生产机构而言,可以提高效率,节约成本。不过,机器人新闻只能完成简单的财经类、体育类报道,不能囊括所有的新闻类型,它尚缺乏人类的灵活性,稿件结构单一,语言不够生动,存在模式化、固定化的缺陷。而且机器无法理解人类思维,深度报道很难完成。所以,机器人新闻的出现并不会彻底取代记者,而会成为协同合作者,两方通过分工合作,可以优势互补。比如,机器人可以处理分析各种复杂的数据,人类则可以专注于采访、思考及创造性写作。

制作机器人新闻一般有五个步骤。① 收集信息,建立数据库;② 分析数据,选取符合新闻价值和准确适当的数据;③ 匹配恰当的模板,自动生成稿件主体;④ 将稿件加工润色,形成终稿;⑤ 机器人新闻经过编辑把关,实现最终签发。

以美联社 2014 年启用的智能写作机器人 WordSmith 为例。它每周可以撰写数百万篇新闻报道,写作路径为获取 WordSmith 软件—数据上传—设计文章样式—综合文章,具体写作步骤有如下五个方面。① 获取数据,处理并消化报道对象的各种形式的数据和资料。② 分析数据,包括对各种数据的解析以及内在关联的勾勒,并把它们放在历时性的演变背景中进行解读。③ 提炼观点,将报道对象的各种数据状况纳入更大的行业或社会、国家的背景中来解读其意义,借助参考和比对得出意见和建议。④ 结构和格式方面,运用自然语言生成功能对此前的分析和观点进行故事化叙述,并生成各种形式的文本。⑤ 将生成的文章通过多种方式实时发布到指定的平台上。

WordSmith 能基于美联社量身定制的算法处理数据,将关键数据与上下文信息比照,几毫秒之内写出一篇标准的美联社风格的稿件,差错率低于专业记者。同时,它能够大量分析原始资料,利用自然语言创作出与人类记者语气相似、个性且具有变化的内容,还可以通过动态锁定资料中的模式与趋势,仿照不同记者,生产风格迥异的个人化内容。

三、虚拟现实新闻

虚拟现实技术(virtual reality),简称 VR 技术,是指采用计算机技术为核心的现代高科技手段生成一种虚拟环境,用户借助特殊的输入/输出设备,与虚拟世界中的物体进行自然交互,从而通过视觉、听觉和触觉等获得与在真实世界相同的感受。

虚拟现实新闻是指借助虚拟现实技术进行的新闻报道,它的基本特点在于采用虚拟现实设备、沉浸式的展现方式以及更富冲击力的内容体验,能够最大程度地向读者展示"新闻现场"。例如光明网的 VR 全景视频看"两会",观众可以借助手机进行不同方向、视角的裸眼观看,有的沉浸播放则需要受众佩戴头显设备观看。

由于重大新闻事件十分有限,后期制作耗时耗力,新闻选择倾向于清晰度高、接近性强的内容,造成新闻价值的时新性、重要性和显著性不足。因此,用户体验需要加强,虚拟现实新闻希望给用户带来身临其境的体验,但是在现有的技术水平下,真实感的副作用是部分用户的不适。虚拟现实设备近年来不断便携化,笨重的头盔被轻便的数码眼镜代替,VR 拍摄和剪辑技术也正在改善。

2017 年全国"两会"期间,光明网"钢铁侠"多信道直播云台成了众人注目的焦点。记者通过穿戴式云台,单人操作该系统集成的平板电脑、VR 全景相机、高清摄像头和录音设备等,将新闻信息采集与发布系统集为一体。它可以同时为 15 家平台提供能达到 3K 画幅、4M 码流的视频和 VR 信号,观众无须安装任何软件,通过手机即可裸眼观看高清 VR 直播。图 5-19 为新闻发布会直播效果,用户可以在屏幕上直接拖动鼠标观看不同方向的发布会直播。

图 5-19 《"钢铁侠"VR 直播:全国政协十二届五次会议新闻发布会》[1]

四、增强现实新闻

增强现实技术(augmented reality)简称 AR 技术,是一种实时地计算摄影机摄像的位置及角度并加上相应图像的技术。这种技术可以通过全息投影,在镜片的显示屏幕中把虚拟世界叠加在现实世界,操作者可以通过设备进行互动。与 VR 相比,AR 的视觉呈现方式是在人眼与现实世界连接的情

---

[1] 参见《"钢铁侠"VR 直播:全国政协十二届五次会议新闻发布会》,2018 年 7 月 20 日,中国记协网,www.xinhuanet.com/zgjx/2018-07/20/c_137332983.htm,最后浏览日期:2020 年 7 月 28 日。

况下,叠加全息影像,加强其视觉呈现的方式;VR的视觉呈现方式是阻断人与现实世界的连接,通过设备实时渲染的画面营造出一个全新的虚拟世界。

增强现实新闻简称AR新闻,就是借助AR技术进行的移动报道,智能手机时代令AR技术应用于新闻的可能性大大增加。大量基于移动AR技术的位置、场景应用出现,一些媒体基于用户所在地理位置和空间条件,开始在镜头上增加新闻资讯、评论等内容。例如,2011年,台湾工程院将AR技术应用于3D电视,实现了虚拟三维模型与真实场景的融合。部分媒体开始尝试虚拟演播室,如天气预报节目在直播现场叠加三维气象模拟画面,达到仿真效果。2012年,《成都商报》《东京新闻》等媒体开发软件,使用户通过扫描报纸、杂志上的新闻或图片就可看到相应的视频、动画、游戏等多媒体信息。

虚实结合是AR新闻最大的特点,它能使现实中的真实状况与计算机生成的虚拟图像信息共存,给用户身临其境的感觉。另外,这种虚实融合还能够进行信息交互,信息可以基于用户的操作而调整改变。另外,叠加其上的虚拟态可以是平面的,也可以是3D的,具有丰富性和多样性,还可以随环境变化,给用户最大限度的信息背景和相关参考。当前,AR新闻应用的障碍在于技术尚为薄弱,图像渲染技术和后台数据库建设等存在壁垒;用户体验差;制作三维虚拟影像成本高、时间长,与新闻的时效性要求背离,该技术一般应用在具有长效性的选题内容当中。

AR新闻生产主要有三大步骤。第一步,3D制作。通过3DMAX或MAYA等软件进行立体场景制作。第二步,编写逻辑。可使用Unity等软件进行动作连接逻辑的写作。第三步,使用显示软件发布,比如视+。借助现成的AR平台显示AR作品效果。这种生产背后依赖的技术原理也有三个步骤:第一步,特征提取——从图片中提取角点,将特征数据上传服务器;第二步,图像匹配——在服务器端搜索匹配,下载对应内容到手机;第三步,视频跟踪——匹配图像,实时更新3D内容。

AR新闻在介质方面有很强的可塑性。除了手机,AR眼镜也是比较常见的设备。比如,谷歌眼镜在2012年红极一时,它集智能手机、GPS、相机等功能于一身,用户可以通过声音、触控或眼动、神经等进行操作。

2017年,《四川日报》推出了AR新闻。受众使用手机QQ"扫一扫",对准《四川日报》2017年3月3日头版图片,即可观看AR动画《您有一份民生大礼包》(图5-20)。这个AR新闻作品把视觉识别技术和3D建模、重力感应、触碰控制等全新技术结合,极大地增强了传统纸媒的表现力。用户只需要通过新闻客户端的AR栏目扫描《四川日报》相应版面,即可看到三维立体的"礼盒"缓缓地从报纸上升起打开,"扶贫攻坚""交通先行""绿色发展"主题的全立体三维动画依次浮现,将与百姓生活息息相关的扶贫"摘帽"任务、交通发展"项目年"全面开花、绿色产业协调发展这样原本枯燥的数据内容"可视化"为逼真立体的三维模型,并能自由缩放,实现了真正的360度旋转观看,给用户带来跃然纸上的新奇视觉体验①。

图5-20 AR新闻《您有一份民生大礼包》

五、无人机新闻

无人机是一种有动力、可控制、可执行多种任务的无人驾驶航空器。无人机新闻报道(drone journalism)指利用无人机或无人驾驶飞机在天空中观察,用于航拍地面图片和视频,或为突发新闻事件提供及时的报道。从移动新闻的大类来看,无人机新闻也是一种移动新闻,可以与手机新闻、平板新闻等并列,从多媒体的角度看算移动摄影新闻或移动视频新闻。

---

① 《让报道跃然纸上 川报全媒体集群首推AR动新闻》,2017年3月3日,四川在线,https://sichuan.scol.com.cn/fffy/201703/55844101.html,最后浏览日期:2020年7月28日。

无人机具有拍摄成本低、安全风险小、传播时效性强、拍摄空间广等优势，同时具有便捷、易操控、高清晰、低成本等特点。无人机航拍新闻在数据抓取和现场全景呈现方面更加精确。但是，安全性和可靠性是它在应用领域的普遍技术问题，还有续航时间短、拍摄高度有限等技术上的不足。美国等西方国家已经相继颁布了无人机使用的相关法律法规，但是关于新闻媒体对无人机的使用权限以及公民隐私侵犯等问题，尚存在争议且缺乏一定的规制。

制作无人机新闻与视频拍摄类似，无人机新闻也需要掌握传统拍摄原理，在操控界面完成构图、对焦、曝光等一系列操作。实操的时候，记者需要确定符合航拍特点的选题，如灾害、突发事件等，凭借摄影独到的镜头感和到达新闻现场的速度争取新闻的高价值。在做准备工作时，记者应选择恰当的时间地点，做好现场勘查，准备好设备，规划好航拍路线（平行移动、垂直起降）。正式拍摄时，需要审慎观察，采用环绕、推进、拉远等多种镜头手法，注意风速、高空风险和碰撞风险。在后期处理阶段，要重视基本调色和视频剪辑。

美国内布拉斯加林肯大学2011年率先开设"无人机新闻学"课程，密苏里新闻学院也随后跟进。2011年，《重庆晨报》创造性地成立了全国首个新闻航拍工作室；国内一些媒体也相继在2012—2013年以摄影部为基础组建了无人机航拍工作室，不仅能做新闻报道，而且对外提供专题片、形象片航拍等业务。无人机新闻报道应用也日渐广泛，比如它出现在对莫斯科民众抗议事件、东方之星沉船事件、天津港"8·12"爆炸案等新闻的报道中。此后，无人机新闻报道已逐渐成为各家媒体的标配。新华网和人民网先后创建了"无人机"专题网页，各大媒体利用无人机报道重大灾害、重大事件已比较常见。四轴飞行器的出现已经将传统意义上的新闻生产竞争从地面升向空中，无人机新闻改变了新闻报道的"游戏规则"，这个新型的采访工具大大延伸了记者的采访能力，让受众在最大程度上对现场有更加直观的感知，还可以在危险情境中作业，有效地避免记者不必要的伤亡。

无人机航拍影像可以实时呈现灾难现场的景象，天津港"8·12"爆炸事件发生时，新华社派出无人机编队，深入天津滨海新区爆炸核心区域，拍摄了一条时长3分8秒的视频（图5-21）。通过这条视频，公众可以全面了解爆炸的破坏程度、被毁坏汽车的数量规模、爆炸核心区域的地面形态等信

图 5-21　新华社无人机航拍的天津港大爆炸现场①

息。无人机的使用为新闻故事创造了更好的空间感,可以把第一现场的空间及时地展现出来。

---

①　参见《新华社无人机航拍的天津滨海爆炸核心现场》,2015 年 8 月 14 日,腾讯视频,http://v.qq.com/x/cover/wivfkti5rot75ay/e0162eqofop.html,最后浏览日期:2020 年 7 月 28 日。

第六章

移动新闻提升：速度、深度

互联网的高速发展及新媒体的手机化、移动化给受众带来新的观看和阅读习惯，也给新闻采访报道带来了挑战。在传播新业态下，要站稳脚跟，赢得主动地位，提升移动报道水平，可以从速度和深度两个维度来提升新闻的竞争力。

第一节 让报道更快速

报道快速是指记者大大缩短新闻生产传播的时间。移动时代，信息海量造成了残酷的注意力竞争。新闻机构不再沿用传统朝九晚五的作息方式，24小时连续输出成为常态，随时随地的发布与互动才能有效地抢夺受众的注意力。要让报道更快速，不能仅仅关心生产节奏，而是要在信息获取、新闻生产、新闻处理、新闻接受等环节转换思路。

一、信息获取加速

移动新闻可以通过充分准备、突发预案、工具革新和共时采集等手段提升信息获取的速度。

1. 充分准备

在常规工作中，记者要具备良好的专业性，对某一领域掌握充分，无论发生何种突发状况，都能做到心里有数。比如，财经记者对各大公司的股市行情应做到了如指掌，对行业内的各种走向、动静也实时追踪，积累充分的历史资料，维系好关系网络。还要做到无论任何爆炸性的信息发布，都能第一时间联系到关键人，发现重要线索，并能启动数据库和文本储备，找到重要的相关资料。此外，要形成良好的累积习惯。西方各大报纸都会提前预备好重要名人的讣闻，每一年增补内容，一旦其死亡消息被证实，就立即发布。这虽然不符合中国人的文化习惯，但的确是媒体为即时发布而做的有效预备文案。在每年的固定时间节点，国内媒体都有一些大型报道，如全国"两会"、夏季达沃斯论坛报道等；有一些突发事件也不能缺席，如地震及灾后重建、重要投资的后续跟踪报道等；还有一些自主性的策划，比如"十四五"规划解读、全面建成小康社会构想等选题和一些固定栏目，这些都可以提前预测和精心准备。

在具体的新闻报道中，记者要对相关的采访对象和内容资料进行充分调研，提前下功夫。记者都明白提前踩点的重要性，在采访中往往会提前到达会议现场或体育场馆，准备好相应设备，提前进入报道状态。更多媒体会预测事件的结果，提前做好预案。里约热内卢奥运会期间，各媒体为抢先一步报道冠军归属，煞费苦心。上海发布为抢先几秒报道中国选手可能获得冠军的比赛项目，提前准备了 24 种可能的比赛结果，做了 24 种可视化图示，强信号一出现，立即点击发布。彭博社在不允许携带任何设备的重要发布会前，也会提前预设多种结果，等发布会结束一出门，内部记者立即伸手向外面等待的记者做手势，接收到准确信号的守候记者立即在电脑上选中预案之一，实现抢先发布。

2. 突发预案

突发报道中，充分的制度建设十分必要，建立快速反应方案是最有效的。明确在突发事件发生时要向谁了解情况、向谁报告情况、怎样组织记者、怎样调动设备、怎样在第一时间到达现场、需要编辑部怎样配合等。同时，还要建立完善的记者值班、设备维护、车辆保养等相关制度，要确保记者能高效应战，确保设备随时可调配，关键时候不出差错。

这就要求记者在日常训练自己的提速能力，提高自己在新闻现场的观察能力、对现场采访的协调能力、对新闻价值的判断思考能力、对新闻报道的掌控能力和新闻报道的快速采制能力等。

一旦发生突发事件，媒体必须集中优势力量实行团体作战，建立指挥中心，集中负责现场直播指挥、人员调配和发稿协调等工作。媒体需要快速反应：第一，从制度上对发生的新闻事件的性质进行确定，做好归类，划分报道等级；第二，对重大突发事件报道的角度要进行正确的把握；第三，在新闻报道中，新闻机构的编制要为记者提供强有力的支持；第四，要从技术上和物质上给予记者强有力的支持。同时，还要建立快速反应网络：一方面，要完善从空中到地面甚至到地下的立体网络，必要时，空中有飞机能迅速赶到，地面有直播车及转播车能紧急到现场，地下有光纤传播支撑报道；另一方面，要建立高效的平面网络，根据各地情况合理安排新闻采访记者和采访设备，使人力、物力资源达到最大限度的优化配置。

3. 工具革新

移动智能时代最强的提速武器就是网络技术，因此，技术准备和工具革新就显得十分必要。

媒体人需要熟练使用社交媒体、数据挖掘工具、可视化工具等软件或平台，拓展信源网络，激发选题灵感，增加连接节点，提高反应速度。诸如掌握各种信息查询App，使用各种公开数据库快速翻查相关资料，使用LinkedIn接触全球不同领域的高手，获得该领域的前沿信息，借助知乎平台学习多样化的专业知识，获得专业高手的联系方式，等等。

各大媒体机构都设计了提速工具包，给记者在重要报道或突发报道中提供辅助支持。比如，《浙江日报》的工具包内含智能手机、自带网络、充电器、冲锋衣、地图、手表、救生设备、安全设备、基本饮食、手电筒、打火机等，还配备护照、身份证、驾照等出行必备证件。一旦发生地震、火灾、战争等重大事件，记者无须整理翻找，第一时间就能冲向现场。

工具创新使移动设备变得一机万能。在重要场合，往往记者需要一人多用，全能设备具备多媒体录制等多种功能，一人当万夫。比较典型的当属光明网，2017年报道"两会"时，它设计出全套直播设备，由记者一人背负，能独立完成全部虚拟现实的直播任务，被称作"钢铁侠"。

软件开发在各大媒体当中也有深度尝试。移动端不仅仅是收集新闻资讯的工具，记者的互动交流、信息搜索、生产、发布等都依赖手机。甚至有些媒体还研发了专有的生产发布互动管理系统，几乎所有媒体都开发了综合移动采编App，记者在手机上就可以完成所有的采访录制和写稿编辑。记者可与相关人员在手机上沟通选题，提前交流采访内容等，时效性更强。大型媒体都为记者在移动端设置了App，在上面可以完成所有的图片、文字、视频生成，一次采集多次生成，可实现多渠道分发，通过一部手机解决所有的问题。很多媒体还设有专门的数据库，报道热点排行并随时更新。有些媒体还研发出专有的生产发布互动管理系统，可以直观地看到记者的地理位置和工作状态，同时基于当地的相关热点信息，分析当地状况，给记者采访建议。特别是在大型的突发直播中，通过这些软件可以有效调度，组织协作。

4. 共时采集

采访环节要求记者不仅要获取文字内容，还要有针对性地收集相关照片、图示、数据、视频等材料，为后期的编辑工作提供充足的素材。

记者也因此要进行全媒体升级，打破条线和介质等的界限，掌握多项技能，记者要能够拍短视频，写新媒体作品，编辑图片。这相当于将电视中心和文字记者融为一体，二者原来分工很明确，但现在互通有无，记者成为复合型人才。

采访从录音、写作、制作广播节目、发布，变成了掏出手机拍照片、通过终端配文字第一时间发布，突发性的新闻会直接进行现场连线或网络视频直播，之后再回到传统媒体发布流程，制作出适合新媒体的新闻作品。

比如，为了应对新闻生产的速度要求，澎湃新闻对组织架构进行了调整。从《东方早报》时期的条线分割，到澎湃新闻时期的80多个频道，传统的根据行业进行报道的团队被拆解，细化成更垂直精准的报道领域。时政新闻等大的报道部门拆成小组，各组权限充分，人财物一起抓。小组成员围绕共同领域策划选题，反应快，决策迅速，同时强调术业有专攻。比如，专攻冤案报道的媒体人会有大量冤案爆料积累，非常了解内情，一看到诉状、爆料，就能有基本的判断——这个事件的问题在哪里，应该去哪里采访。这显然比临时入门要快速有效得多。

澎湃新闻平时注意积累资源，特别是与重要的出版社保持良好关系，与相关名人打好交道，一旦出现名人热点事件，就能很快调用沉淀的文本，组织别家不可能有的出版资料，既有深度，又新颖，能做到切合热点人物、热点事件推出独家新闻。

二、新闻生产加速

移动新闻可以重新设计内容形式的生产方式，推进新闻速度。

1. 从简单到复杂的连续生产

生产加速必然伴随着及时而且充分的连续性报道。可以先报事实后报原因，先报简讯后报深度，有节奏地步步深入，加之符合调研采访流程的层层深入，在时间上能够跟上节奏，满足受众的多层次要求。

不同的报道环节对应不同的文类，由快及慢，逐阶实施，可以具体分成以下六个阶段。第一阶段，第一时间报道。在突发事件中，直接启动预案，报道时只求快，不求全，但是必须要准确。第二阶段，新闻的现场报道。记者以最快速度赶往现场，了解起因，对第一步的报道进行补充或者修正。记者到现场进行了解，可以掌握更多的资料。第三阶段，动态的跟踪报道，旨在对后续处理情况进行跟踪。该环节主要是进行信息覆盖，为受众提供更加详细的报道。第四阶段，提供专题报道。对突发性事件发生的原因进行挖掘，组织专题，使受众能够吸取经验，或者赢得社会的支持。第五阶段，深度报道。对突发性事件进行深度报道，找出其发生的深层次原因，进而使得受众能够对该类事件有更深入的思考。第六阶段，后续的总结报道。对事件进行总结，进行相关的教育宣传。

2. 基于多媒体生产复杂度进行步骤安排

在进行多媒体新闻生产时，可以分析不同模态的新闻生产的速度和条件，综合判断，复合选择。

从传播时间上来看，无论是文字直播还是视频、音频直播，都能实时生产输出，移动摄影新闻以及文字简讯等的生产速度也很快。视频新闻需要剪辑处理时间，可视化需要设计绘制的时间，数据新闻需要数据挖掘整理呈现的时间，深度报道则需要调研时间。报道形式可以依据生产时间的可能性来安排。

从生产条件来说，文字生产条件的要求最低，简讯或者文字直播都相对快捷，其他多媒体形态的生产都需要移动设备甚至团队支持。移动新闻普遍需要手机支持，文字报道可以直接在短信或微信等渠道进行生产传输，移动摄影需要智能手机有一定像素的摄像头，也需要生产者有基本的新闻摄影知识和技能。目前，移动直播的门槛也不高，但智能手机和充电器等设备以及在线网络和团队后援是必备条件。在不同的场景下，记者可以根据具体生产条件来安排，也可以灵活判断，根据事件发生现场的条件选择最有优势的报道手段。

有些情况下，记者还要基于报道事件的特点进行安排。比如关于火灾的报道，往往需要记者根据火情的时间节奏和紧急程度灵活安排。在网络音频直播火情的同时，记者要快速拍摄现场照片，以免出现关键瞬间因多头同时进行而被错过的遗憾。针对不同的报道场景，记者可以选择不同的手段，比如突发洪水报道适宜视频直播，地震报道则适宜移动摄影方式。

3. 迭代传播，实时修正

新闻播报对速度有直接的要求，这就难免遇到报道偏差的问题。迭代传播的意思就是不断推出新校正过的信息，移动时代的受众已经能够接受新闻信息的矫正现象了。

记者要注意防止迭代新闻变成反转新闻，在生产新闻的时候预留好一定余地，不能想当然或者绝对化。在生产、发布任一事件的新闻时，记者都要实时注意查核，破除谣言，甄别真假，检查错漏。一旦发现有纰漏，或者事件产生新情况，都要随时通报更新。记者要对所报道的事实负责，长期跟踪，出现变化要告知受众，发现疏漏要补正，对任何错别字、逻辑错误等都要有修正意识。

记者还要与读者保持良好沟通，实时关注社会反应，在被公众指出错误后要及时道歉和修正，以免造成损失或误导受众。

一个新闻事件发生后，新闻网站在有可靠信源的前提下可以先发快讯。快讯一般只发证实的信息，可以是短短的一句话，但一定要持续跟踪，尽快派出记者到现场采访。编辑也要不断搜集网络上海量的相关信息，通过滚动播报，即时更新最新信息，不断丰富信息源，不断增加新闻要素和新闻内容，从而让网友看到当时最接近事实的新闻信息。

以中国江西网新闻的迭代更新为例，2015年3月4日9时55分，中国江西网记者发现网友微博爆料，南昌市两路口一辆警车被劫持，造成道路堵塞,并附有大量现场图片。记者与警方线人电话确认后,值班主任快速签发简讯《南昌阳明路交通堵塞 一男子与警察对峙》,同时以滚动播报的形式不断发出与此事相关的动态文图信息和网友的讨论。记者赶往现场后,发出第二篇新闻稿《南昌男子对峙警察最新消息:嫌犯疑似精神疾病患者》。当日 10 时 30 分,根据南昌市公安局官方消息,记者发出第三篇稿件《南昌一持刀男子试图冲出警车逃跑 造成交通堵塞》。原来,并非歹徒劫持警车,而是一可疑男子被警方带上警车后,突然产生幻觉,拿出刀来与警方对峙,并妄图逃跑,最终被民警擒获。在 35 分钟内,记者刊发原创稿件 3 篇。从最初的"疑似一男子持刀劫持警车"到"持刀男子欲冲出警车逃跑",事件真相从模糊到清晰,从有所偏差到准确无误(可以判断,在新媒体时代,对事实的修正过程所需要的时间将会越来越短)。从网友的反馈来看,他们并没有因为第一篇稿件在细节上有所偏差而产生"假消息"的感觉,而是为记者提供了第一手新鲜资讯点赞①。

三、新闻处理加速

移动新闻在编辑整理环节可以通过分层处理、碎片分剪等方式提升新闻传输的速度。

1. 分层处理

在新闻内容的接受上,用户的需求和偏好不同,导致不同用户对同一新闻事件的了解程度要求不同。比如"两会"报道,有的受众喜欢观看"两会"政府工作报告的视频直播,有的受众则喜欢关注与自己利益最相关的精简内容,还有的受众需要深度的解读分析。通常的做法是面面俱到,一应满足,但这对新闻生产的工作量要求过高。对此,生产者可以采用分层处理的方式,提高工作效率,实现价值差异化。

分层处理是按照由简单到复杂、由精简到深度的层次,由表及里地生产新闻,根据受众需求程度的不同,关注挖掘的层级也可以不同。

---

① 练蒙蒙:《快在一箭封喉,慢在闲庭信步——谈新媒体时代如何处理新闻的速度与真实性》,2015 年 10 月 27 日,道客巴巴,https://www.doc88.com/p-7844451765760.htm,最后浏览日期:2020 年 7 月 28 日。

一种分层方式是根据时间顺序，最早发生的新闻最重要。消息的倒金字塔结构就是如此。早期PC时代的新闻专题一般利用版面的热力图分布而设置版面位置，通常第一版面是最新、最重要的内容，第二版则将次要内容按照由中间向边缘的位置放置，第三版则放置更次要的内容。移动新闻也可以沿用时间顺序法进行分屏设置。

另一种分层方式是利用手机的触屏点击功能，在一屏中层层深入，由简单到复杂，由大众到小众，进行放置。比如，关于F1比赛的事故报道，首屏通常是一目了然、重点突出的可视化图。简洁画出F1赛道示意图，在该比赛的7次事故的发生位置，将不同碰撞事故的相关车辆的碰撞图显示出来，并标注出圈数。当用户点击图中的碰撞点时，就可以进入第二层信息，看到每个事故发生的现场动态视频及事故前因后果的解说。当用户继续点击车辆时，就可以进入第三层信息，即整个赛事的完整报道，包括不同车手、不同车辆的详细信息。继续点击，可以进入第四层信息，如整个F1比赛的重要历史信息，或者相关比赛的重要关联信息等。

2. 碎片分剪

碎片化地处理新闻文本有助于用户快速直观地获得新闻信息，比如今日头条和抖音平台上的新闻信息都不长，但可以借助个性化推荐的连续性和用户好奇心，带动他们的阅读接受。新闻处理由整化零，细分可以满足不同用户的信息垂直需求。

常见的切分方式是纵切，也就是将长文本剪成短文本，或精练删减，或分成多个组成部分。比如，看看新闻就是将电视新闻的长篇剪辑成短版，通过标题设置体现差异化。还有一种是横切，即将一个时段的注意力切割成几个部分。比如喜马拉雅FM等音频，就是伴听型的设计，用户可以在散步时、上班路上、睡觉前，一边做其他事情，一边收听。当下有些媒体的切分已经开始尝试智能自动化。阿基米德采用智能剪切，将UGC上传的信息直接通过人工智能手段进行短小处理。这种处理方式可以大大减少媒体的人工成本。

甚至有些媒体尝试进行差异化剪辑，打破受众年龄、圈层限制和喜好限制。甚至在整个新闻故事版本中，用户可以选择不同的故事线，只看自己感兴趣的部分。比如，对娱乐团综的报道，在完整全面的故事报道之中，用户可以只选自己感兴趣的个别偶像的新闻故事线进行追踪。这种信息满足方式对新闻生产的策划提出了更高的要求,生产者必须整体构思并充分考虑到受众的个性化垂直需求,保证不同的新闻人物都有完整的故事线。

案例 7:

《寿光大水三问》①

2018 年 8 月,山东寿光遭遇自 1974 年以来最大的洪峰,多个村庄被河水倒灌,大量民居、农田、大棚和养殖场损失惨重。本次重大突发事件报道中,《农民日报》的传播纸媒和新媒体平台有效联动,有的放矢。

第一阶段,社交媒体及时发布,保证突发事件报道"快"与"准"。记者第一时间赶往灾区,涉水深入一线,后方编辑迅速编发,8 月 24 日、25 日两天共发布 7 条微博,多角度、多形式反映寿光洪水灾害的真实状况,以及社会各界积极救灾的情况。报道内容鲜活,发布及时,社会反响强烈,创阅读量新高。

第二阶段,多种方式呈现,丰富突发事件报道的新闻容量。制作短小精悍的视频新闻、图文并茂的微信,突破了报纸只有一则消息的版面限制。尤其是短视频,虽然只有 2 分 7 秒时长,但视觉冲击力强,配文配乐引人回味。以农民作为视频主角,体现了《农民日报》的三农视角和温度。

第三阶段,报纸推出整版深度报道,融媒体扩散传播,让突发事件报道更有价值。8 月 27 日报纸整版刊登《寿光大水三问》等,深度解读水灾原因、影响、经验教训等,在突发事件的海量报道中做出了主流媒体的理性思考,并通过新媒体平台转发扩大影响。

案例分析:

《寿光大水三问》通过多渠道、分阶段的报道,实现了多级放大,充分发挥了移动新闻的及时性;展示了全程媒体报道方式的有效性,即社交媒体快速报道、多媒体形态的报道,完整挖掘、呈现事件,并进行融媒体分发。作为一次突发事件移动创新报道的成功实践,《寿光大水三问》充分展示了移动时代的新闻加速的可能性。

---

① 参见《〈寿光大水三问〉系列报道》,2019 年 5 月 24 日,中国记协网,http://www.xinhuanet.com/zgjx/2019-05/24/c_138082924.htm,最后浏览日期:2020 年 7 月 28 日。

四、新闻接受加速

提速不仅发生在生产端，对于接收端的提速也很重要。移动新闻可以通过到达、服务、直观、故事等技巧提高受众对新闻的接收速度。

1. 到达：直接连接用户终端

移动用户接触新闻往往是多屏组合的。媒体要对不同的用户构成和不同接触终端的构成有所了解，实现针对性的组接到达。对于退休老人而言，他们大多依赖电视媒体获取新闻，个别老人借助手机的客户端推送或者社交微信的推送获得新闻，新闻不上电视或者不通过微信，他们就看不到。而年轻人几乎不看电视，往往通过朋友圈或社交媒体获得新闻，并且在平台上转发和交流，新闻如果发布在电视上，他们也接触不到。因此，媒体需要了解目标受众的新闻获取终端构成，有针对性地推送，让他们直接看到，而不是主动搜索。

2. 服务：一步到位，产生充分黏性

理解用户所需，做到服务到位。尽管不少媒体也提供一定的服务，如用户提问及时回答，直播节目直接与政府部门连接应答，或发布常用链接等。但是，很多服务都只是浅尝辄止，用户的问题并没有根本解决，他们不得不继续寻求答案。聪明的媒体会提供一站式服务或终极服务，保证受众的信息资讯得到彻底满足，这样就减少了用户四处搜寻资讯的精力和时间，带来稳定的用户黏性，不仅大大节约了用户时间，提高了解决问题的速度，而且给媒体带来大量用户，创造提供进一步服务的可能性。

3. 故事：生动感人，有记忆点

要让用户获得更好的阅读体验，就要尤其重视细节。新闻故事要在不违反事实的前提下讲得生动。移动时代的用户主体的诉求已经从功能追求升级到情感认同，无论是短视频还是图文，新闻故事都应该满足底层用户喜好，做到有情怀、有意境、有感受。这样一来，用户无须分析判断就可以直接感知信息，而且非常容易理解、记住并分享扩散信息，这样就大大减轻了用户的信息理解困难，降低了接收时间，提高了新闻传播的效果。

4. 直观生动：穿越形式，直达内容

文稿精简，标题一目了然，基于用户需求提炼重要价值点，采用明显的可视化或关键词呈现重要信息，可以使受众一看就懂，且过程充满趣味，减少用户接受时间，实现价值最大化。

5. 见缝插针，抢夺碎片注意力

基于用户信息需求和作息习惯进行新闻内容形式以及发布方式的设计，让用户在闲散时间就能有实在的收获。

具体而言，不同的媒体因地制宜，形成了移动新闻的提速智慧，值得学习借鉴。

上海发布对自己用户群体的需求理解到位，内容贴近上海市民需要，以本市基本公共新闻的服务为主，涉及天气、交通、市政、教育等方面。作为政府窗口，上海发布做到了紧密连接市民。上海发布的用户乐于关注公众号，原因就在于其强大的服务性。比如在世博会期间，上海发布派小编亲自勘察，提供详细的停车场服务信息，并绘制地图，说明路线、时间、收费等多个细节，保证用户在上海发布微博上就能全面解决停车问题。

有些媒体的服务甚至升级为惊喜，渗透力令人惊讶。例如，《华尔街日报》为注册用户提供了与大咖面对面的专有福利；《纽约时报》则为喜欢美食的用户专门建立了"NYT Cooking"客户端，提供制作精良的家常美食烹饪视频，用户甚至可以要求客户端直接发送菜肴制作方法的邮件。

《重庆日报》用生动简明的可视化符号表达内容，深入浅出，通俗易懂，更容易快速实现新闻传播效果。"全符号传播"重视标题制作、文本内容和图片质量，并以全符号的手段对信息、版面进行深加工。例如，将长篇文字分解后，提炼出要点做成图示，使核心内容一目了然；运用字体、字号的变化，突出不同的文本内容；以线条、色块、图形等元素，丰富版面视觉效果等。在2015年5月27日头版头条的导读中，"全符号传播"以二维码的形式链接了网站的专题网页和《中国的军事战略》白皮书内容，有内容提炼、"八一"标识、军人图片、红色背景等，信息扩容，实现了纸网互动。"全符号传播"关于2016年重庆"两会"和全国"两会"的报道以短小精悍的文字、生动醒目的图示聚焦热门话题，做到了令读者"一图读懂"。

五、警惕过犹不及

由新闻发布速度引起的媒体审核仓促是个严重风险。在谣言四起的移动时代,近年被通报批评的报道错误大多是专业媒体不经核实就发布了错误信息,导致媒体公信力受损。

一味追求速度,可能会赢得主动、先机、时间,但不能忽视真相、质量和价值。为了抢先发布,有些媒体不深入分析事实,常导致虚假新闻;不注重新闻质量,出现大量逻辑错误、错别字;缺乏对事件的深度分析和挖掘,新闻发布变成消息发布,未能找到核心价值,失去了报道的真正影响力。此外,在移动时代,还出现了新闻反转现象,即在互联网传播场域中,对同一事件的报道出现一次或多次显著变化甚至出现反向变化的现象。具体指一条新闻开始在网上传播时,传者往往有意或无意地忽略了某些重要信息,受众往往未经理性分析而把舆论的矛头指向当事某一方;随着事件信息越来越多地公布于网上,真相逐渐得到证实,公众发现新披露的信息与此前的有关报道出入甚大时,公众带着情绪化的舆论立即指向当事的另一方①。因此,媒体应当谨慎对待每一条新闻,避免造成公众的质疑,进而导致公信力的下降。

还有一种情况要加以注意,就是记者好不容易等到一个突发事件,往往激动兴奋,容易出现判断失误,高估这些新闻的重要性,从而产生了过激反应,或是给读者带来哗众取宠的感觉。记者要始终保持头脑冷静,给每一起事件安排合适的报道强度,以免出错。在处理新闻信息时,要求从业人员秉持严谨的职业精神,扩展常识,提高鉴别谣言的能力。新媒体在新闻生产中强调快速,但同时也要通过提高人员素质、流程再造、采纳新技术等手段确保新闻准确性;加强监督、审核、把关,对敏感突发事件的采编流程要更加严格,必须多方求证。媒体必须在平时打好消息源基础,遇到事情就立即可以连接消息源求证,至少要采访两个直接当事人,即使消息来源是官方的,比

---

① 王志立:《网络舆论场域中新闻反转现象的传播学反思》,2018年3月29日,人民网,http://media.people.com.cn/n1/2018/0329/c418770-29897052.html,最后浏览日期:2020年7月28日。

如政府各部门的官方微博,也必须小心求证,进行深入的调查、分析和研究。

第二节　让报道更深入

报道深入是指记者要对新闻事件进行细致全面的采访和全方位立体的反映,做到穿越表象发现实质,通过有效的方式让受众感知新闻的内在价值。

碎片化时代,专业媒体的报道深度是生存竞争中的重要筹码,移动报道若要脱颖而出,就需要生产出一般自媒体生产不了的内容。类似"刺死辱母者"这样的传统深度报道,经过网络媒体的二次传播以后,仍然有可能创下巨大的点击量。BuzzFeed网站的现任主编就坚信,特稿和深度调查不会被取代。移动互联网时代,快速阅读、轻浅阅读的确可以吸引数量众多的底层大众,但海量时代,人们单位时间阅读的需求也印证了高质量的深入报道市场将长存。

一、深入报道的要求

移动新闻的深入从内容层面需要达到以下五方面的要求。

第一,独家。有深度的新闻包含独家的观点、视角、手法等多种更深层次的原创性意味。独家性并非怪异,而是要建立在重要性的基础之上,要求新闻选题、所反映的问题和影响效果都有一定的冲击力,是对现实社会中的热点、难点、疑点、重点的独特发现与反映。

第二,丰富。要求报道内容丰富,背景翔实,但这不是指囊括一切或面面俱到。一方面,要有层次感,每篇报道都要有恰当的安排,做到既有套路,又有变化;另一方面,要有联动性,让报道具有多个切面,能引导读者沿着报道架构的设问(主线)找到有效内核,最终产生共鸣。

第三,纵贯。从时间维度上将一个新近发生的事件的来龙去脉梳理清楚,不仅反映当下相关事件的基本要素,更要回溯以往,查核这一新闻事件的相关历史背景,还要分析预测未来可能产生的结果及其对未来有怎样的启示意义。

第四,深入。要求题材具有深层次性,不仅反映新闻事件基本要素的真实性,更要分析原因、经过和影响。要有针对性地对事件和问题进行深入探究,力求对新闻反映的社会现象和问题进行深刻的思考,发现本质,给人启迪。此外,在移动时代,还可以进一步借助跟踪报道、系列报道、组合报道和专题报道等多种方式增加新闻的纵深感和厚度。

第五,多样。通过声画、图文、动漫、评说等多种综合表达,直观呈现新闻事件的时空、背景、信源等多元化信息元素,让受众观看后能够更深刻地理解新闻的来龙去脉和表象背后的实质。

二、如何使新闻更有深度

移动新闻要实现报道深入,可以从以下七个步骤入手。

1. 充分的累积

要想让移动新闻更深入,首先要有在专业领域的深耕和积累。如果记者在所报道的领域缺乏足够的知识和认识,自然会缺乏专业的眼光和超越普通公众的视角,也就看不到一个新闻事件可以特别深挖的可能性。特别是在财经新闻、时政等不同条线领域,都需要记者积累足够的行业基础知识和人脉关系,这样才能以内行的视野驾驭问题,也才可以与业内专家平等对话。

2. 独到的策划

通过广泛搜集新闻事件的材料,记者可以发现精彩独到的主题,进行富有创意又目标精准的策划。同时,基于记者对整体格局的把握,借助鲜明生动的选题,也利于将新闻事件背后的价值凸显出来。记者要能够发现精彩的选题,挖掘更多、更好的新闻事实,不仅要善于横向发现多样的线索,还要能对新闻事件的前因后果、内核外联等多个维度进行挖掘。这要求记者在新闻报道中认真负责,竭尽全力地打通关系,累积素材,找到用户利益、事件实质和新闻价值等的契合点,提炼新闻事件的主题,造就独具深意的新闻话题。

3. 全面的采访

报道深入需要记者注意获取信息的全面性,采访应具有立体性,信息范围从微观到宏观层次完整,能够从全角度、多维度对新闻事件进行深入调查,系统地观察与反映新闻事件或社会问题。比如《一纸推广证 几多"生意经"》[1],记者通过明察暗访,跟进事件动态,形成采访记录20余万字,录音34份,照片70多张,直接或间接地获取零散素材,再通过多方求证,形成证据链条,层层突破,获取事实真相,揭露了某些行政部门滥用权力、违规敛财的现实问题,破除了监督性报道历来的"取证难"问题。

记者通过现场的深入采访,获得了立体丰富的新闻素材,这是写好深度报道的最关键环节。移动时代,报道深入往往需要较长的报道篇幅。相对而言,短报道重视速度,直奔关键人,抓取5W1H等关键信息;长报道重视深度,对周边的人都进行采访,把握细节,充分印证,再深入挖掘关键人,要经历一个从模糊到清晰,再到模糊的过程。

新媒体可以为报道的采访深入带来众多信源和出口。记者可以通过微博、微信等渠道发布信息,引发网络舆论,造成敏感内容被关注和被深入发掘的社会需求,也为后续的信息追查扫清障碍。在自媒体众多的时代,记者平时可以通过主动订阅、接近、关注等方式,多元、即时地获取丰富的信息;还可以通过微博、公众号等,针对新闻主题进行社交求助,不再单兵深入,而是通过多个信源获得信息;也可以借助多渠道进行信息的甄别与核查;更可以通过网友参与来补充信息,通过群体性沟通讨论观点,获得多元视角的认知和丰富的素材。

《谁的"5100"?》[2]是一篇财经报道,分析了5100公司的股东背景和赢利模式,揭示了这家迅速上市的矿泉水公司的秘密,作者是陈中小路。

选题缘起于一个文件夹中的上百份上市公司年报和招股书,这些公司都是仅依赖于一两个垄断行业大客户而生存的上市公司,5100公司也在其中。报社基于这些公司的分析,讨论推出一组稿件。

通过对大量年报的多日探究,陈中小路慢慢聚焦于5100公司的8层股

---

① 参见《一纸推广证 几多"生意经"》,2017年6月14日,中国记协网,www.xinhuanet.com/zgjx/2017-06/14/c_136362464_2.htm,最后浏览日期:2020年7月28日。

② 余翔:《记录者:陈中小路》,http://webapp1.cyol.com/zp/show.php?id=7752,最后浏览日期:2020年7月28日。

权结构和过度频繁的股权变动——招股说明书中不断出现与 5100 公司相关的新名字、新企业和新机构。她采用各种搜索方式进行调查,变换多种关键字排列组合,登录各国的引擎或社交平台,不断抓取相关数据、文字和线索,试图摸索出这家公司股权背后的实质,从股权归属的变动探出利益的流向。

搜索艰难而庞杂,往往在抓取一些线索或关键字后,记者就会打电话找业界人士核实。这个过程像走进一个巨大的迷宫,从原点出发,一路摸索,得到一些确认信号后再继续,方向错了就掉头再来。如此往复,从 2011 年 6 月下旬开始,查到了 7 月份,问题才逐渐明朗,资料证据清晰了起来,陈中小路最终完成了这篇出色的报道。

4. 深入的分析

在全面完整的采访调查基础上,深化报道需要记者对信息和线索进行挖掘分析,了解新闻事件的来龙去脉、前因后果、宏观因素、微观因素、相关影响以及预判未来等维度上的分析整理。

首先,尝试找到独家视角、独家发现,产生独家效应。移动时代的新闻信息过剩,独家视角和发现有助于新闻生产投入更大的精力和时间来挖掘,也有利于用户获得新鲜的、有价值的信息。《过度兜底 一些贫困地区医保基金被花"秃噜"》[①]的视角就很独到。当众人都在关注并褒扬扶贫的好处时,《经济参考报》记者独辟蹊径,看到了过度兜底的多层恶果,发现过度兜底的福利化倾斜造成一些地方脱离实际的补贴,导致基金缺口、贫困户过度依赖,不能形成恰当的激励现象。报道揭示了住院不花钱反"赚钱",福利过度造成小病大治等反常现象,涉及对普通公众利益的影响,自然会引发强烈的社会关注。

其次,记者要在获得丰富的素材后,能由表及里,多方位、立体化、多层次地思考并剖析新闻事实,揭示本质。上述新闻报道的记者多方了解各地医保基金压力过大的成因后,发现除了看病住院的贫困人口激增,报销比例大幅提高,医保基金支出增速明显快于筹资的增速等重要因素外,还发现基

---

① 《过度兜底 一些贫困地区医保基金被花"秃噜"》,2018 年 6 月 11 日,央广网,https://baijiahao.baidu.com/s?id=1602939618120799879&wfr=spider&for=pc,最后浏览日期:2020 年 7 月 28 日。

层对大病病种没有统一的认定等其他问题。报道不完全否认扶贫就医的合理性,但把握住了根本,点出原因后,还说明了这种现象的后果,即收支不平衡可能造成扶贫就医难以长久维系等。

这篇文章透过现象看本质,发现了他人所未知的现象和问题。它不仅反映出诸如小病大治、子女甩包袱等表象,而且通过现象集束、原因归纳、问题矛盾凸显等方式,多维度地呈现出过度福利的局限性。可以说是直面人性的弱点,看到了"好心办坏事"的背后动因,把授人以鱼不如授人以渔的观念表达了出来。

最后,收集到足够丰富的素材后,记者在撰稿过程中需要精选最有代表性的新闻事实、最有代表性的人物故事、最生动精练的画面动作等,来进行恰当的表达。这篇报道至少采访了十多家医院,记者发现了"先诊疗后付费""一站式结算"等诸多既普遍又具体的现象,而且还呈现了典型案例,令人印象深刻。比如,一个贫困县采取百分之百就医报销的政策,导致住院人数增长5倍,出现"伪患者"——小病占病床,病愈不出院,导致医疗资源的大量浪费,真正的病人住不了院。记者通过真实生动的案例列举,将过度帮扶导致的医疗问题清晰地展现出来,真实又具体,非常具有说服力。

5. 独到的启示

首先,报道深入还可以再多深化一步,不仅注重深刻的内涵,记者还要能采用动态性的叙事策略,对新闻事件进行关联性和发展性的剖析,甚至在一定程度上预测新闻的发展趋势,最大化地形成新闻传播的社会纵深影响力[1]。《谁制造了校园"毒跑道"》[2]通过对毒跑道生产、销售、铺设、使用的来龙去脉进行独家调查采访,由此揭开了国内塑胶跑道行业无规、暴利的内幕。不仅对事件本身起到答疑解惑、正本清源的作用,也为国家制定法律法规提供了强有力的事实依据。

其次,记者不仅应全面分析具体事件的基本要求,了解、辨析新闻的实

---

[1] 吉平、魏瑾:《深度报道:短视频的传播生命力延展之道》,《青年记者》2018年第26期。
[2] 参见《谁制造了校园"毒跑道"》,2015年10月14日,大河网,http://newpaper.dahe.cn/hnsb/html/2015-10/14/content_1320396.htm?div=0,最后浏览日期:2020年7月28日。

际状况和背景,更要抛开表象错觉看到背后的深层因素。采用解释、预测、分析等方法,追溯事件发生的来龙去脉,分析前因后果,发现矛盾多方及其关系变化,预测变化趋势,总结社会影响,站在不同人群、利益阶层、利益多方等的角度进行立体化分析,既要剖析新闻事件的内涵,又要展示新闻的宏观背景。

最后,新闻报道要能够揭示事件的意义、蕴含的本质和发生机理,引导受众对新闻事件进行深入阅读和反思。记者要能够超越具体事件,将其拓展到更高维度,发现新闻反映的普遍性社会现象或问题,乃至揭示更深的思想启示。透过表象,发掘独一无二的视角,找到人性共通之处,实现更大范围、更深层次的价值。例如,《北京一夜》①聚焦于2012年7月21日那场北京暴雨,有被困深水无法获得救援的开车人,也有诸多自发救人的志愿行为。报道既让人们看到了生命的无助,又让人们见到了人间大爱,能激发人们关于城市建设管理、政府百姓以及生命的更深刻思考,这样的处理方式,在移动时代的观念多元、利益多元的现实中,能击中所有人的神经,通过高度的主题提炼,发掘人的共性,从而推进报道传播的思想的广泛认同。

6. 成稿穿越三个层次

尼尔·高普鲁提出过三层报道的概念:第一层是事实性的、直截了当的报道;第二层是发掘表象背后实质的调查性报道;第三层是在事实性和调查性报道的基础上进行的解释性和分析性报道。要让报道更深入,就需要透过表象,挖掘背后的因果链条,进行事实核查,并进行一定层次的解析。如果要再深入一层,就要开掘事件背后的普遍性共鸣点,借助背景资料举一反三,找到更多例证,合力形成更大维度的话题。例如,《南方周末》的报道《压垮北川自杀官员的最后稻草》②,主要讲述一位北川官员的自杀事件,全文分成几个小标题,如"要救就救自己的亲人"等,探究其死因,再扩展背景,

---

① 参见《暴雨下的北京一夜》,2012年7月23日,浙江在线,https://china.zjol.com/05china/system/2012/07/23/018677159_09.shtml,最后浏览日期:2020年7月28日。

② 柴会群:《压垮北川自杀官员的最后稻草》,2008年10月16日,南方周末网,http://www.infzm.com/contents/18555,最后浏览日期:2020年7月28日。

让公众感受到中国官员灰色形象的尴尬和痛楚,认识到即便他们是官员,也应该被正确对待,反省每个人身上的偏见态度。

有质量的报道由题材的质量、记者思想的穿透力、受众的关注度三大合力凝聚而成。一个优秀的移动新闻报道如需深入,需要三个要素:有价值的新闻事实、宽而广的传播距离、有高度和深度的认知能力。一篇同时具备事实、传播、认知的优秀报道,不仅可以影响个人的选择,甚至可能影响整个社会。认知能力有三个维度:对话题的认知、对内容的认知、对世界的认知。这三者构成认知三角形,彼此交互作用,共同拉升新闻报道的水准。

7. 创造性的表达

报道的表达方式指新闻内容的呈现手段,诸如语言表达方式、结构构成、构思创意等范畴。移动时代,深度报道遭遇瓶颈,其原因并非报道无须深入,而是受众的碎片化阅读习惯导致长篇稿件的阅读量下降,以及速度要求导致报道的调研采访时间和节奏缩短。以往需要几个月进行调查,并且用完整形式进行报道的传统深度报道手段,不再适应移动用户的新闻要求。此外,由于自媒体更加多元、深刻的思考和评论超过了专业媒体单一记者的视域和水准,导致专业的深度报道并不能满足移动受众已然上升的见识和层次。但这并不意味着报道的深入性本身不被需要,同样篇幅的有深度、有水准的稿件,自然比浅显稿件更有质量,能带给用户更大的价值。因此,记者需要解决报道的深入性与碎片化、快速性等新要求的平衡问题。

首先,集成性、追踪性的报道模式将成为适应碎片化阅读的新形式。应对机器写作时代的极速性、数据性和机械性的挑战,报道的深入需要另辟蹊径,从情感性、创造性等方面施展优势能力,还要充分利用智能机器的重复性、共享性、累积性等,做好深入报道的基础和铺垫。《"三北"造林记》[①]就是以情感与认同为起点,聚焦于个性分明的典型人物,切换一幕幕场景,推进情节的跌宕起伏,不断吸引读者一步步进入新闻故事,理解和参与主题。

其次,步步推进,层层推进,篇篇推进,形成深度挖掘的连续性和可行性。比如,对某一个问题或故事进行专题报道,突出表达;或采用追踪报道

---

① 参见《"三北"造林记》,2013年9月25日,中国文明网,http://www.wenming.cn/specials/wmcj/lywm/zgly/201509/t20150928_2884037.shtml,最后浏览日期:2020年7月28日。

和连续报道,达到不断挖掘的可能性;也可以通过多维度、多样态、多渠道地整合表达,实现多维度的挖掘。

最后,运用融合手段进行报道深化更符合移动时代的新特点。从生产节奏和路径上,可以分期逐个报道,最后汇总;可以先移动媒体再纸媒等分渠道报道;也可以基于生产时间长短进行从短新闻到专题新闻的逐层推进。内容方面,需要汲取移动时代的情感新闻、社群新闻、感知新闻等新类型要求,回避传统深度报道的理性有余、情感不足的弱点,张扬故事性、画面性、体验性等新的内容表达方式,让用户在多次、多元的接触中推进新闻深化,提升思考与认知。在报道形式方面则可以打出组合拳,通过图文结合+访谈+消息+链接+数据等多样化的集成,达到既突出主题,又兼顾各方。

三、深入挖掘的方法

新闻深入不能仅看到或发掘别人没关注的方面,还是通过对一种系列方法的分级探索,完成对具有最高传播价值的新闻的拉升,主要包括重要时段、题材范围、角度选择三种方法[①]。

1. 重要时段

深入报道需要一定的时间和精力集中挖掘,在速度要求高的时代下,记者需要针对性地提前准备,可以借助对重要时机的预判提前准备和预埋挖掘,甚至可以调用自己经年积累的素材。所谓重要时段,指可以进行深入报道的新闻事件被关注的有效时长,包括宏观时段和微观时段两个层面。

微观时段指具体的新闻事件发生、发展的各个阶段。诸如人物报道对名人从小到大的成长线索的追踪,对其关键节点和高光时刻的重点关注等。碎片化时代,新闻事件的阶段性可以通过多个组成部分集合完成,也可以呈现为系列报道中的一个个小故事。比如,一个关于艾滋病留守儿童的跟踪故事就是通过4篇摄影报道完成的,分为留守、收养、新生活等变化的多个过程。

---

① 参见《深度报道的具体策划》,2008年3月11日,新浪博客,http://blog.sina.com.cn/s/blog_4f09e73f01008ho2.html,最后浏览时间:2020年7月17日。

宏观时段指促成深入报道事实现象的主要因素的时间范围。可以分为：① 政策性时段，诸如国家关于个人所得税起征点提至每月 5 000 元新规定引发的新闻时段，二孩政策颁布引发的相关新闻报道时段，雄安新区建设意向引发的相关时段，新婚姻法规定婚前财产属于个人所有等新条文引发的相关时段，中国由于新冠肺炎疫情而出台的航班飞行检疫要求颁布后引发的新闻报道时段，等等；② 季节性时段，诸如有时间规律的自然变化引发的春耕秋收、冬雪夏雷等相关报道时段，中考、高考、公务员考试、研究生考试等各类重要的考季报道时段，等等；③ 节日纪念日时段，比如国庆、中秋、端午等定期节庆休假的节日，"五四"等历史重要纪念日或名人生辰等重要日期，等等；④ 事件性时段，主要指重要事件引发相关报道的时段，诸如中美贸易战引发的新闻报道集中时段，英国"脱欧"、美国大选、全国"两会"、奥运会，等等；⑤ 灾难事件时段，主要指严重自然灾害或事故引发的新闻报道相关时段，诸如突发的马来西亚海啸、澳大利亚山火等的相关报道时段；⑥ 活动性时段，主要是举办某项与受众相关的活动时的新闻时段，如青岛啤酒节、互联网大会、G20、音乐节等；⑦ 显著性人物时段，主要指具有热度的人物被报道关注的时段，如陷入税务风波的明星、下马的官员、新上任的国家新闻发言人等；⑧ 热点话题时段，诸如新婚姻法对夫妻婚前财产的规定引起现实婚姻关系变化和婚恋观变化等的话题时段，明星吸毒事件引发其他相关明星问题的关注话题时段，等等。

对记者来说，"重要时段"的概念意义为：在实践中对新闻视角的发现给予提醒；对报道的切入时间予以认定；缩小搜索最高价值新闻的范围。

2. 题材范围

指构成新闻报道的诸多材料，包括具体的事件、人物、问题或现象等。按照报道内容分类，可以分为人物类专题报道、事件类专题报道、概貌类专题报道、状物类专题报道、社会问题类专题报道等。

按照选题策划题材分类，可分为可以预知的、有重大社会影响的活动和事件性或非事件性新闻；非可预见的、有重大社会影响的突发性事件，需要在及时发出第一条消息的基础上进一步进行跟踪报道；新闻媒介自己设立的重要问题性报道、活动性报道。

这些选题的共同点是，选题本身的潜在社会影响力及其内容的复杂性决定了报道不能停留在简单、肤浅的层次上,而必须对报道客体进行充分的发掘、展示和分析,以多条信息在空间或时间上的组合,使受众从多种角度、多个层面上了解事物的全貌和本质。《南风窗》曾有一个选题"转型中国的'富二代''穷二代''官二代'",它从多个维度让受众了解中国转型中的结构固化问题,共有四个主题:第一,"富二代"凭什么接力中国?通过个案,记者试图还原一个真实的"富二代"群体——他们也有与同龄人一样的喜怒哀乐,不一样的是他们的父辈有钱,使他们有财富继承,他们大多奔向"企业家"的方向;第二,"穷二代"的胶囊联盟;第三,"官二代"与公平正义;第四,三个分论融汇成总论——中国社会结构有固定化的危险。

3. 角度选择

这里主要指记者对同一新闻题材采用不同的洞察分析方式,从而形成不同的报道内容和效果。其背后是宏观上的报道思想,依赖于记者的时事观察、知识储备以及记者对某一领域的独特研究或见解。简言之,角度选择直接体现为新闻从"哪一个点"去做的问题。

汶川地震后发生的舟曲泥石流事件,导致灾难报道再次面临视角挑战。《三联生活周刊》找到了与地震不同的反差点——"在舟曲的救援现场,听到最多的一句话是,泥石流和地震不一样。有什么不一样?泥石流掩盖的人群更悲惨,在它下面,几乎没有幸存者生还。这就注定了舟曲的救援,在以另一种方式进行。"①因此报道的标题立了起来——《舟曲:向死而生》。

2011年"7·23"动车事故发生后,很多媒体在挖掘动车事故背后的原因,报道灾难场面下一个个生命的奇迹,或追问,或反思,或综合。《中国青年报》的《永不抵达的列车》从细微处入手,以小见大,通过立体感的再现和画面感的描写打动了人们的心灵。文章不谈灾难的影响与后果,而是从众多遇难者中选取两位正处于青春年华的大学生。他们是父母的孩子,是同龄人的朋友,是老师们的学生,他们代表着其他的遇难者们。在人生最美好的年华里,有些人的生命就这样戛然而止了,不禁让人唏嘘人生的无常——"最广大的悲伤不如一个最具体的悲伤。遇难者不是一个

---

① 王恺:《舟曲:向死而生》,2010年9月6日,三联生活周刊,http://www.lifeweek.com.cn/2010/0906/29501.shtml,最后浏览日期:2020年7月28日。

个冷冰冰的数字,他们都像你我一样,是有家庭、有朋友、有烦恼、有希望的人。"①

制作时可以纵向、横向将时间轴与空间轴延展。围绕新闻事件的5W1H,以时间轴为思考和策划的一个维度,告诉用户事件的前世今生、前因后果;以空间轴为思考和策划的另一个维度,告诉用户事件的影响反馈、类比和关联。深化新闻生产时可以依据图6-1提示的问题横纵展开,甚至拓展更多维度和向面。

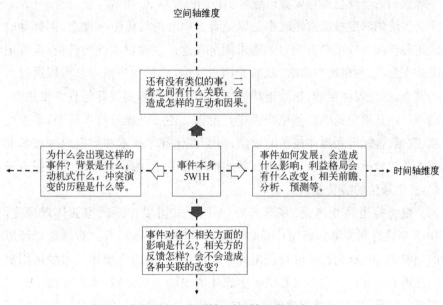

图6-1 空间轴、时间轴延展思路

选取角度时有多个思路。诸如,抓住阶段特征来凸显事物变化过程,如《惊心动魄160分钟——首次揭秘"长五"推迟发射》,通过时间推进揭秘了"长五"推迟发射的真实原因;还可以通过透视背景来剖析现实,如《别了,白家庄矿》,突出了供给侧改革大背景,借助两代煤矿人的新生故事,折射出中国"去产能"的重大意义;通过典型人物反映一个群体或一个事件,如《举重冠军之死》,以才力之死反思举国体育体制下运动员的悲哀;通过典型时刻

---

① 赵涵漠:《永不抵达的列车》,《中国青年报》2011年7月27日,第12版。

反映全过程,如《永不抵达的列车》,选择了"灾难前""灾难发生""灾难后"三个关键时间节点,对比鲜明;以典型空间或环境为场景表现对象,如《北京零点后》这部作品,从零点后生活在北京的不同人的故事,看到北京这座城市中的复杂社会关系;以冲突双方的比较来呈现矛盾,如《五河:城市贫民背不动豪华广场》,"县城要建大广场"和"贫困户雪上加霜"两个对立的方面呈现出计划建立的新广场的富丽堂皇和被迫拆迁、无家可归的贫困户的明显差异和矛盾;通过数据勾勒出完整状况,如《"据"说春运》,通过对乘客实时手机数据的呈现全国重要城市旅客出行的完整状态;等等。

传统的深度报道选题较多是以记者为中心的教化引导理念,而移动时代需要转换为以用户为中心的需求满足理念。这种根本性的转换,需要记者放下自我,洞察用户需求,及时给用户反馈,满足用户需求。可以通过市场调查、社交媒体互动、热线连接等方式追踪用户态度偏好与日常聚焦点,利用用户互动中提供的信息线索进行挖掘。还可以通过技术转型,重视交互、数据、智能等新媒体技术的使用,以个性化推荐技术和数据跟踪技术等方式及时分析、理解用户,并进行新闻推荐和引流,找到精准的深度报道用户,产生最佳的接受效果。

融合报道是立体化、多形态的,不同形式可以在不同方面体现深度。2013年获普利策奖的新闻作品《雪崩》的颁奖词这样写道:"对遇难者经历的记叙和对灾难的科学解释使事件呼之欲出,灵活的多媒体元素的运用更使报道如虎添翼。"它不仅提供了多媒体的现场交互体验,生动还原了那场灾难的场景,更对灾难发生的原因进行了科学的解释。腾讯网"谷雨故事"于2017年3月推出的《请用我买的枪枪毙我:仿真枪争议背后的罪与罚》也是一篇以文字与视频为主的新闻,综合运用了动画、文字、视频、图片等形式的融媒体深度作品。

视频报道应具有自己的深度,篇幅、时长不是深度的唯一指标。一般在三四分钟以内的短视频,综合承载了视觉、声觉信息,它传递的信息量也非单一的文字媒介所能企及。受众不仅会揣摩受访者的言论,还会观察他们的表情、动作、神态,对视频信息的多样解读也是一种深度的体现。移动端受众最不愿看到的就是单人叙述的长镜头了,因此,视频报道可以以问题作为视频中小单元的划分依据,每个小单元的时间长度为20—30秒。《中国青年报》针对"'90后'中年危机"的选题,随文字报道同步推出的视频采访了8位已经步入社会的"90后",对每一个人物的采访都是深度访谈,视频原始素材容量高达55GB,总时长超过8小时,但在剪辑过程中去粗取精,最终长度是4分25秒,只保留了最打动人的精华部分。在视频报道领域,如此规格的呈现已足够体现深度。

参考文献

英文文献

[1] Paul Bradshaw, *The Online Journalism Handbook: Skills to Survive and Thrive in the Digital Age*, Longman, 2011.

[2] Paul Bradshaw, *Feature and Narrative Storytelling for Multimedia Journalists*, Routledge, 2017.

[3] Ivo Burum, *Democratizing Journalism through Mobile Media: The Mojo Revolution*, Routledge, 2016.

[4] Robb Montgomery, *Smartphone Video Storytelling*, Routledge, 2018.

[5] Ivo Burum and Stephen Quinn, *MOJO: The Mobile Journalism Handbook: How to Make Broadcast Videos with an iPhone or iPad*, Routledge, 2016.

[6] Duy Linh Tu, *Feature and Narrative Storytelling for Multimedia Journalists*, Focal Press, 2015.

[7] Stephen Quinn, *Mojo: Mobile Journalism in the Asian Region*, Konrad-Adenauer-Stiftung, 2009.

[8] Mike Shields, "Fox News Flash Reports Available on Web, Mobile," *Media Week*. 2006, 16(39).

[9] Simon Dumenco, "Introducing the New Times Phone Mobile News Navigator 1.0," *Advertising Age*, 2009, 80(9).

[10] Justin C. Blankenship, "Losing Their 'Mojo'?" *Journalism Practice*, 2016, 10(8).

[11] Pamela E. Walck, Sally Ann Cruikshank and Yusuf Kalyango, "Mobile Learning: Rethinking the Future of Journalism Practice and Pedagogy," *Journalism & Mass Communication Educator*, 2015, 70(3).

[12] Johan Jarlbrink, "Mobile/sedentary: News Work behind and beyond the Desk," *Media History*, 2015, 21(3).

[13] Daniel Angus and Skye Doherty, "Journalism Meets Interaction Design: An Interdisciplinary Undergraduate Teaching Initiative," *Journalism & Mass Communication Educator*, 2015, 70(1).

[14] Hayes Mawindi Mabweazara, "Between the Newsroom and the Pub: The Mobile Phone in the Dynamics of Everyday Mainstream Journalism Practice in Zimbabwe," *Journalism*, 2011, 12(6).

[15] Janey Gordon, "The Mobile Phone and the Public Sphere: Mobile Phone Usage in Three Critical Situations," *The Journal of Research into New Media Technologies*, 2007, 13(3).

[16] A. Nilsson, U. Nulden and D. Olsson, "Mobile Media: The Convergence of Media Mobile Communications," *The Journal of Research into New Media Technologies*, 2001, 7(1).

[17] Kate Marymont, "MoJo a Go-Go," *Quill*, 2007 Supplement Journalist.

[18] Ran Wei, "Motivations for Using the Mobile Phone for Mass Communications and Entertainment," *Telematics & Informatics*, 2008, 25(1).

[19] Michelle Maskaly, "Young Journalists Share 'Mojo' Moments," *Quill*, 2008, 96(2).

[20] Evangelia Papoutsaki, "How to Be a Mojo in Asia," *Pacific Journalism Review*, 2011, 17(2).

[21] John Mills, Paul Egglestone, Omer Rashid AND Heli Väätäjä, "MoJo in Action: The Use of Mobiles in Conflict, Community, and Cross-platform Journalism," *Journal of Media & Cultural Studies*, 2012, 26(5).

[22] Stephen Quinn, "Mobile Reportage Continues Historical Need for Speed," *Journal of New Communications Research*, 2009,4(1).

[23] AimeeDeeken, Lisa Granatstein, "MoJo Rising," *Media Week*, 2003,13(23).

[24] Tiina Koponen, Heli Väätäjä,"Early Adopters' Experiences of Using Mobile Multimedia Phones in News Journalism," European Conference on Cognitive Ergonomics ECCE 2009, ACM Press, 2009.

[25] Sarah Van Leuven AND Annelore Deprez,"'To Follow or Not to Follow?': How Belgian Health Journalists Use Twitter to Monitor Potential Sources," *Journal of Applied Journalism & Media Studies*, 2017, 6(3).

[26] Sunil Saxena,"Gaon Ki Awaaz: Lessons from a Hyperlocal Mobile News Service," *Amity Journal of Media & Communication Studies*, 2013,3(1).

[27] Vittoria Sacco, Valérie Gorin and Nicolae Schiau, "Immersive Journalism and the Migrant Crisis: The Case of Exils as a Mobile Radio Reportage," *Journal of Applied Journalism & Media Studies*,2018,7(1).

[28] Kjetil Vaage Øie, "News Narratives in Locative Journalism-Rethinking News for the Mobile Phone," *Journal of Media Practice*,2015,16(3).

[29] Georgeta Drula, "Media Convergence and Mobile Technology," *Journal of Media Research*,2014,3(20).

[30] Roy Sandip, "The Triumph of Mobile," *Columbia Journalism Review*,2016,55(2).

[31] Jerry Watkins, Larissa Hjorth and Ilpo Koskinen, "Wising up: Revising Mobile Media in an Age of Smartphones," *Journal of Media & Cultural Studies*,2012,26(5).

[32] May Zayan,"Mobile Reporting and Ethics Questions," *Quill*,2015,

103(2).

[33] David Cameron, "Mobile Journalism: A Snapshot of Current Research and Practice," in A. Charles and G. Stewart (eds.), *The End of Journalism: News in the Twenty-First Century*. Peter Lang Publishing, 2011.

[34] B. Mutter, D. Alan, "New Rules for Mobile Journalism," *Editor & Publisher*, 2014, 147(11).

[35] Jacqueline Marino, "Reading Screens: What Eye Tracking Tells Us about the Writing in Digital Longform Journalism," *Literary Journalism Studies*, 2016, 8(2).

[36] Wayne Freedman, "Developing the Twitter Narrative: Making the Big Small," *News Photographer*, 2014, 69(1).

[37] John Mills, "New Interactions: The Relationship between Journalists and Audiences Mediated by Google Glass," *Journalism Practice*, 2017, 11(8).

[38] Luc Chia-Shin Lin, "Mobile Apps and News: A Taiwanese Case of Curation," *Journal of International Communication*, 2018, 24(1).

[39] Rena Kim Bivens, "The Internet, Mobile Phones and Blogging: How New Media are Transforming Traditional Journalism," *Journalism Practice*, 2008, 2(1).

[40] John Wihbey, "Mobile News: A Review and Model of Journalism in an Age of Mobile Media," *Digital Journalism*, 2013, 1(1).

[41] Debora Wenger, Lynn Owens and Patricia Thompson, "Mobile Journalism Skills Required by Top U.S. News Companies," *Electronic News*, 2014, 8(2).

中文著作

[1] [美]谢丽尔·吉布斯、汤姆·瓦霍沃:《新闻采写教程:如何挖掘完整的故事》,姚清江、刘肇熙译,新华出版社2004年版。

[2] [美]梅尔文·门彻:《新闻报道与写作》,展江主译,华夏出版社

2004年版。

[3] [美]比尔·科瓦齐、汤姆·罗森斯蒂尔:《新闻的十大基本原则:新闻从业者须知和公众的期待》,刘海龙、连晓东译,北京大学出版社2014年版。

[4] [美]布雷恩·S.布鲁克斯等:《新闻报道与写作》(第7版),范红主译,新华出版社2007年版。

[5] [美]理查德·保罗、琳达·埃尔德:《批判性思维工具》(第3版),侯玉波、姜佟琳等译,机械工业出版社2013年版。

[6] [美]保罗·莱文森:《手机:挡不住的呼唤》,何道宽译,中国人民大学出版社2004年版。

[7] [英]维克托·迈尔-舍恩伯格:《删除:大数据取舍之道》,袁杰译,浙江人民出版社2013年版。

[8] [美]汤姆·艾斯林格:《抢占移动端:抓住新用户注意力的4个关键》,陈志超、李安译,中信出版集团股份有限公司2016年版。

[9] [美]凯文·凯利:《必然》,周峰、董理、金阳译,电子工业出版社2016年版。

[10] [美]杰米·特纳、列什马·沙阿:《社会化媒体运营:如何利用社会化媒体赚钱》,白桂珍编,王莹、李林林译,中国人民大学出版社2013年版。

[11] [美]迈克·华莱士、贝丝·诺伯尔:《光与热:新一代媒体人不可不知的新闻法则》,华超超、许坤译,中国人民大学出版社2017年版。

[12] [美]肯·梅茨勒:《创造性的采访》(第三版),李丽颖译,中国人民大学出版社2003年版。

[13] [美]威廉·E.布隆代尔:《〈华尔街日报〉是如何讲故事的》,徐扬译,华夏出版社2006年版。

[14] [美]塔奇曼:《做新闻》,麻争旗、刘笑盈、徐扬译,华夏出版社2008年版。

[15] [美]罗伯特·斯考伯、谢尔·伊斯雷尔:《即将到来的场景时代》,赵乾坤、周宝曜译,北京联合出版公司2014年版。

[16] [英]维克托·迈尔-舍恩伯格、肯尼思·库克耶:《大数据时代:生活、

工作与思维的大变革》，盛杨燕、周涛译，浙江人民出版社 2013 年版。

[17] [美] Nathan Yau：《鲜活的数据：数据可视化指南》，向怡宁译，人民邮电出版社 2012 年版。

[18] [美] 杰里·施瓦茨：《如何成为顶级记者：美联社新闻报道手册》，曹俊、王蕊译，中央编译出版社 2003 年版。

[19] [美] 布赖恩·霍顿：《美联社新闻摄影工作手册》，王传宝、陆云等译，南京出版社 2006 年版。

[20] [美] 埃里克·布莱恩约弗森、安德鲁·麦卡菲：《第二次机器革命：数字化技术将如何改变我们的经济与社会》，蒋永军译，中信出版集团股份有限公司 2014 年版。

[21] [美] 马克·克雷默、温迪·考尔编：《哈佛非虚构写作课：怎样讲好一个故事》，王宇光等译，中国文史出版社 2015 年版。

[22] [美] 迈克尔·埃默里、埃德温·埃默里、南希·L. 罗伯茨：《美国新闻史：大众传播媒介解释史》，展江译，中国人民大学出版社 2004 年版。

[23] [英] 萨旺特·辛格：《大未来：移动互联时代的十大趋势》，李桐译，中国人民大学出版社 2014 年版。

[24] [美] 伦纳德·小唐尼、罗伯特·G. 凯泽：《美国人和他们的新闻》，党生翠、金梅、郭青译，初广志审校，中信出版社、辽宁教育出版社 2003 年版。

[25] [加] 马歇尔·麦克卢汉：《理解媒介：论人的延伸》，何道宽译，译林出版社 2011 年版。

[26] [日] 大前研一：《专业主义》，裴立杰译，中信出版集团股份有限公司 2015 年版。

[27] [美] 杰奥夫雷·G. 帕克、马歇尔·W. 范·埃尔斯泰恩、桑基特·保罗·邱达利：《平台革命：改变世界的商业模式》，志鹏译，机械工业出版社 2017 年版。

[28] [美] 卡罗尔·里奇：《新闻写作与报道训练教程》（第三版），钟新译，中国人民大学出版社 2004 年版。

[29] [美] 凯利·莱特尔、朱利安·哈里斯、斯坦利·约翰逊：《全能记者必备》，宋铁军译，中国人民大学出版社 2005 年版。

[30]［美］曼纽尔·卡斯特:《网络社会的崛起》,夏铸九、王志弘等译,曹荣湘审校,社会科学文献出版社2006年版。

[31]［美］威廉·C.盖恩斯:《调查性报道》(第二版),刘波、翁昌寿译,中国人民大学出版社2005年版。

[32]［美］托马斯·弗里德曼:《世界是平的:21世纪简史》(第二版),何帆、肖莹莹、郝正非译,湖南科学技术出版社2006年版。

[33]［美］赫伯特·甘斯:《什么在决定新闻:对CBS晚间新闻、NBC夜间新闻、〈新闻周刊〉及〈时代〉周刊的研究》,石琳、李红涛译,北京大学出版社2009年版。

[34]［美］泰德·谢德勒、乔希·贝诺夫、朱莉·阿斯克:《移动思维变革》,赵雯雯、刘晓萌、郑张译,中信出版集团股份有限公司2015年版。

[35]［美］迈克尔·塞勒:《移动浪潮:移动智能如何改变世界》,邹韬译,中信出版集团股份有限公司2013年版。

[36]［美］Brian Solis:《互联网思维:传统商业的终结与重塑》,周蕾、廖文俊译,人民邮电出版社2014年版。

[37]［美］Jesse James Garrett:《用户体验要素:以用户为中心的产品设计》(原书第2版),范晓燕译,机械工业出版社2011年版。

[38]［美］马修·E.梅:《精简:大数据时代的商业制胜法则》,华驰航译,中信出版集团股份有限公司2013年版。

[39]［美］新闻自由委员会:《一个自由而负责的新闻界》,展江、王征、王涛译,中国人民大学出版社2004年版。

[40]［美］李·雷尼、巴里·威尔曼:《超越孤独:移动互联时代的生存之道》,杨伯溆、高崇译,中国传媒大学出版社2015年版。

[41]［英］阿兰·德波顿:《新闻的骚动》,丁维译,上海译文出版社2015年版。

[42]［美］Michael Schudson:《探索新闻:美国报业社会史》,何颖怡译,远流出版事业股份有限公司1993年版。

[43]张文霖、刘夏璐、狄松编:《谁说菜鸟不会数据分析》,电子工业出版社2011年版。

[44]陈其伟、李易、赵庆华:《移动平台:托起企业"互联网+"的基石》,电

子工业出版社 2015 年版。

[45] 陈为、孙郁婷：《自品牌：个人如何玩转移动互联网时代》，机械工业出版社 2015 年版。

[46] 孔剑平主编：《社群经济：移动互联网时代未来商业驱动力》，机械工业出版社 2015 年版。

[47] 王力：《移动互联网思维》，清华大学出版社 2015 年版。

[48] 崔保国主编：《2011 年：中国传媒产业发展报告》，社会科学文献出版社 2011 年版。

[49] 官建文、唐胜宏、许丹丹编：《中国移动互联网发展报告（2015）》，社会科学文献出版社 2015 年版。

[50] 徐昊、马斌：《时代的变换：互联网构建新世界》，机械工业出版社 2015 年版。

[51] 闫荣：《神一样的产品经理》，电子工业出版社 2012 年版。

[52] 张亮：《从零开始做运营》，中信出版社 2015 年版。

[53] 黎万强：《参与感：小米口碑营销内部手册》，中信出版集团股份有限公司 2014 年版。

[54] 腾讯传媒研究院：《众媒时代》，中信出版集团 2016 年版。

[55] 吴晨光：《超越门户：搜狐新媒体操作手册》，中国人民大学出版社 2015 年版。

[56] 李苗：《AR：场景互动神器》，社会科学文献出版社 2016 年版。

[57] 刘海贵：《新闻采访写作新编》（新一版），复旦大学出版社 2004 年版。

[58] 刘明华、徐泓、张征：《新闻写作教程》，中国人民大学出版社 2002 年版。

[59] 蓝鸿文：《新闻采访学》，中国人民大学出版社 1999 年版。

[60] 吴声：《场景革命：重构人与商业的连接》，机械工业出版社 2015 年版。

[61] 胡正荣、李继东、唐晓芬主编：《全球传媒发展报告（2014）》，社会科学文献出版社 2014 年版。

[62] 胡正荣、李继东、唐晓芬主编：《全球传媒发展报告（2015）》，社会科学文献出版社 2015 年版。

[63] 匡文波：《手机媒体》，华夏出版社 2010 年版。

[64] 李开复：《AI·未来》，浙江人民出版社 2018 年版。

[65] 项建标、蔡华、柳荣军：《互联网思维到底是什么：移动浪潮下的新商业逻辑》，电子工业出版社 2014 年版。

[66] 赵大伟：《互联网思维独孤九剑》，机械工业出版社 2014 年版。

[67] 熊友君：《移动互联网思维：商业创新与重构》，机械工业出版社 2015 年版。

[68] 辜晓进：《走进美国大报》，南方日报出版社 2004 年版。

[69] 唐亚明：《走进英国大报》，南方日报出版社 2004 年版。

[70] 网络与书编辑部：《移动》，现代出版社 2008 年版。

[71] 秦艳华、路英勇：《全媒体时代的手机媒介研究》，北京大学出版社 2013 年版。

[72] 李大卫：《百年好文章：美联社百年新闻佳作》，陕西师范大学出版社 2002 年版。

[73] 栾润峰：《移动互联，想＋就＋：如何应用免费 App 以决胜营销、管理与创业》，中信出版集团股份有限公司 2015 年版。

[74] 吴军：《智能时代：大数据与智能革命重新定义未来》，中信出版集团股份有限公司 2016 年版。

[75] 易北辰：《移动互联网时代：生活、商业与思维的伟大变革》，企业管理出版社 2014 年版。

[76] 涂子沛：《数据之巅：大数据革命，历史、现实与未来》，中信出版集团股份有限公司 2014 年版。

[77] 杜骏飞、胡翼青：《深度报道原理》，新华出版社 2001 年版。

[78] 张志安：《记者如何专业：深度报道精英的职业意识与报道策略》，南方日报出版社 2007 年版。

[79] 朱建良、王鹏欣、傅智建：《场景革命：万物互联时代的商业新格局》，中国铁道出版社 2016 年版。

[80] 吴声：《超级 IP：互联网新物种方法论》，中信出版集团股份有限公司 2016 年版。

[81] 马化腾等：《互联网＋：国家战略行动路线图》，中信出版集团股份有

限公司 2015 年版。
[82] 阿里研究院：《互联网＋：从 IT 到 DT》，机械工业出版社 2015 年版。
[83] 周鸿祎：《周鸿祎自述：我的互联网方法论》，中信出版集团股份有限公司 2014 年版。
[84] 周鸿祎：《极致产品：国民简明爆品实践指南》，中信出版集团股份有限公司 2018 年版。
[85] 古典：《跃迁——成为高手的技术》，中信出版集团股份有限公司 2017 年版。

中文期刊

[1] 张永芹、王诗根：《新媒体新闻客户端特点比较研究——以新华社新闻栏目〈中国网事〉与网易新闻移动客户端为例》，《滁州学院学报》2012 年第 1 期。

[2] 李顺洁：《移动互联网对新闻传播的价值体现——以〈南方都市报〉入驻新浪微博为例》，《新闻传播》2012 年第 1 期。

[3] 张永芹：《2012 年移动新媒体新闻客户端影响力研究——以我国报纸类手机新闻客户端为例》，《新闻实践》2012 年第 9 期。

[4] 彭兰：《社会化媒体、移动终端、大数据：影响新闻生产的新技术因素》，《新闻界》2012 年第 16 期。

[5] 任琦：《移动终端和社交媒体对新闻业到底意味着什么？——〈美国新闻媒体报告 2012〉解读之二》，《新闻实践》2012 年第 6 期。

[6] 张仪：《奥运新闻战——移动终端异军突起》，《卫星电视与宽带多媒体》2012 年第 16 期。

[7] 张意轩、冯霜晴、王杰：《门户网站搭台传统媒体唱戏 "移动新闻"加速跑》，《人民日报（海外版）》2013 年 1 月 11 日。

[8] 林娜、李俸春：《从欧美报业发展看移动新闻阅读》，《中国报业》2013 年第 21 期。

[9] 顾洁、田维钢：《移动新闻的新闻形态特征：情境、平台与生产方式》，《现代传播（中国传媒大学学报）》2013 年第 10 期。

[10] 文敏：《美国移动新闻的热门应用种种》，《传媒评论》2014 年第 9 期。

[11] 郝勤：《论体育新闻价值与价值实现》，《成都体育学院学报》1998年第1期。

[12] 董天策：《网络新闻价值取向的变化及其影响》，《湖南大众传媒职业技术学院学报》2005年第1期。

[13] 胡泳：《新媒体环境下的"参与式新闻"》，《新闻战线》2007年第12期。

[14] 刘建明：《创立现代新闻价值理论》，《新闻爱好者》2002年第12期。

[15] 陈修勇：《速度与激情：新闻广播抢占应急传播制高点的根本之策》，《中国广播》2015年第1期。

[16] 李春艳：《微博让〈即时资讯〉更有速度、力度和温度》，《视听界》2014年第3期。

[17] 刘天绪：《"最"速度创造"最"新闻》，《今传媒》2013年第9期。

[18] 崔力方：《突发性新闻事件现场直播的快速反应》，《采写编》2017年第2期。

[19] 刘洪峰：《重大突发事件新闻报道快速反应机制及其构建》，《新闻传播》2016年第23期。

[20] 罗春梅：《对新闻传播中"速度崇拜"现象的反思》，《新闻传播》2015年第9期。

[21] 彭兰：《场景：移动时代媒体的新要素》，《新闻记者》2015年第3期。

[22] 练蒙蒙：《快在一箭封喉，慢在闲庭信步——谈新媒体时代如何处理新闻的速度与真实性》，《青年记者》2015年第13期。

[23] 张文槐：《提升记者站快速反应能力之我见》，《新闻采编》2016年第5期。

[24] 王薇：《应急广播的速度和价值——以安徽交通广播为例》，《西部广播电视》2018年第15期。

[25] 赵坤：《高度 深度 速度 温度——浅析传播新业态下电视新闻报道的四维度》，《传播力研究》2018年第18期。

[26] 李晨璐：《抖音短视频App的发展与研究》，《记者摇篮》2018年第6期。

[27] 付松聚：《从8月CPI报道看机器新闻与人工新闻差异何在》，《中国记者》2015年第11期。

[28] 张鋆:《"机器人写手新闻"对传统新闻生产的影响》,《新媒体与社会》2014年第3期。

[29] 郭娟、宋颂:《"机器写手"的著作权问题研究——以机器人代写新闻为例》,《宁德师范学院学报(哲学社会科学版)》2015年第2期。

[30] 蒋枝宏:《传媒颠覆者:机器新闻写作》,《新闻研究导刊》2016年第3期。

[31] 黄可:《机器人记者:本质、模式与意义》,《中国记者》2015年第5期。

[32] 冉明仙、刘然然、邓利武:《机器人写作背景下新闻记者的生存空间分析》,《新闻研究导刊》2015年第20期。

[33] 石本秀、张超、宋玲:《"全能记者"培养模式的探索与反思》,《中国记者》2011年第3期。

[34] 姚君喜、刘春娟:《"全媒体"概念辨析》,《当代传播》2010年第6期。

[35] 闫肖锋:《全能记者时代的到来》,《青年记者》2010年第4期。

[36] 余健仪:《信息技术的下一个十年:移动性大行其道》,《电脑与电信》2009年第8期。

[37] 黄奇、杨水根、王纬:《互联网移动性支持机制研究》,《中国高新技术企业》2008年第6期。

[38] 田静:《手机媒体移动性的时空解析》,《新闻大学》2015年第2期。

[39] 王彦:《移动性,融合世界里的工作和生活》,《数据通信》2006年第3期。

[40] 孙玮:《微信:中国人的"在世存有"》,《学术月刊》2015年第12期。

[41] 黄旦:《重造新闻学——网络化关系的视角》,《国际新闻界》2015年第1期。

[42] 李彪、喻国明:《新闻2.0时代硅谷如何驯化美国新闻业》,《江淮论坛》2018年第3期。

[43] 吉平、魏瑾:《深度报道:短视频的传播生命力延展之道》,《青年记者》2018年第26期。

[44] 张立伟:《从深度报道到集成报道——去碎片化的主流新闻范式》,《新闻记者》2016年第7期。

[45] 赵京梅:《新媒体语境下电视新闻深度报道探析》,《现代传播》2015年

第 8 期。

[46] 周怡:《新媒体环境下深度报道的现状与生存转型思考》,《出版广角》2016 年第 4 期。

[47] 罗鑫:《什么是"全媒体"》,《中国记者》2010 年第 3 期。

[48] 林涛:《给全能记者泼点冷水》,《中国记者》2011 年第 3 期。

[49] 南振中:《积极开发自己的发现力》,《新闻爱好者》1997 年第 9 期。

网络文献

[1] 孙翔:《如何利用社交媒体打造爆款短视频?》,http://36kr.com/coop/toutiao/5091852.html? ktm_source=toutiao&tt_from=weixin&tt_group_id=6460611613878862093,最后浏览日期:2017 年 9 月 7 日。

[2] 王永治:《报纸将死,多数媒体人将在 2017 到 2018 年下岗》,https://www.chinaventure.com.cn/cmsmodel/news/detail/293595.shtml,最后浏览日期:2019 年 1 月 10 日。

[3] 水木然:《中国未来商业模式的 30 个发展趋势》,http://www.sohu.com/a/121915341_469987,最后浏览日期:2016 年 12 月 18 日。

[4] 《氪星年货♯10:Google 2013"购物清单":机器人、Android、搜索、语音助手、Google X 等业务补充,走的可是长期路线》,https://36kr.com/p/208790.html,最后浏览日期:2014 年 1 月 16 日。

[5] 《Chris Dixon 想法集·上》,https://www.36kr.com/p/204064,最后浏览日期:2014 年 1 月 16 日。

[6] 曹政:《数据分析这点事儿》,https://blog.csdn.net/yoggieCDA/article/details/85163705,最后浏览日期:2013 年 4 月 22 日。

[7] 《数据新闻的商业模式》,https://cloud.tencent.com/info/283b88b9479cd4cb9445c17713098195.html,最后浏览日期:2013 年 5 月 20 日。

[8] George Liu:《传统媒体广告全部下滑?一文读懂中国媒介市场走势》,http://www.sohu.com/a/197073831_717968,最后浏览日期:2017 年 10 月 9 日。

[9] 秋叶：《判断你是不是一个优质学习者，只需要看这5点》，https://t.cj.sina.com.cn/articles/view/1280110097/4c4cee110340017qa，最后浏览日期：2017年9月4日。

[10] 《〈南方周末〉记者培训教程》，转自李鸿友博客，http://blog.sina.com.cn/s/blog_48b96bc50102dwhy.html，最后浏览日期：2011年11月11日。

[11] 花落有谁怜：《手机的发展历程》，https://wenku.baidu.com/view/92cddbb0ba0d4a7302763a6c.html，最后浏览日期：2014年4月15日。

[12] 《美国职业新闻记者协会（SPJ）职业伦理规范（中英文）》，https://wenku.baidu.com/view/694153d4bdeb19e8b8f67c1cfad6195f312be8bb.html，最后浏览日期：2018年9月26日。

[13] Regine, "Visualizing: tracing an aesthetics of data," https://we-make-money-not-art.com/_map/，最后浏览日期：2020年7月27日。

[14] 龚立堂：《深度报道如何增加深度》，http://ex.cssn.cn/xwcbx/xwcbx_xwyw/201802/t20180209_3846922_2.shtml，最后浏览日期：2020年7月17日。

[15] "Mobile Journalism," https://en.wikipedia.org/wiki/Mobile_journalism，最后浏览日期：2019年1月10日。

[16] "Backpack Journalism," https://en.wikipedia.org/wiki/Backpack_journalism，最后浏览日期：2019年1月10日。

[17] NiemanLab, "Predictions for Journalism 2017," http://www.niemanlab.org/collection/predictions-2017/，最后浏览日期：2018年5月12日。

[18] ［英］Jonathan Gray, Liliana Bounegru and Lucy Chambers：《数据新闻手册》，蔡立等译，https://datajournalismhandbook.org/chinese/，最后浏览日期：2019年1月10日。

图书在版编目(CIP)数据

移动新闻实务教程/许燕著. —上海:复旦大学出版社,2021.6
网络与新媒体传播核心教材系列
ISBN 978-7-309-15560-0

Ⅰ.①移… Ⅱ.①许… Ⅲ.①新闻学-高等学校-教材 Ⅳ.①G210

中国版本图书馆 CIP 数据核字(2021)第 052851 号

移动新闻实务教程
YIDONG XINWEN SHIWU JIAOCHENG
许　燕　著
责任编辑/刘　畅

复旦大学出版社有限公司出版发行
上海市国权路 579 号　邮编:200433
网址:fupnet@fudanpress.com　http://www.fudanpress.com
门市零售:86-21-65102580　　团体订购:86-21-65104505
出版部电话:86-21-65642845
上海华教印务有限公司

开本 787×960　1/16　印张 13.75　字数 211 千
2021 年 6 月第 1 版第 1 次印刷

ISBN 978-7-309-15560-0/G·2224
定价:49.00 元

如有印装质量问题,请向复旦大学出版社有限公司出版部调换。
版权所有　　侵权必究